U0650920

国家地表水环境质量监测网

采测分离实操技能与实务

—

NATIONAL SURFACE WATER
ENVIRONMENTAL QUALITY
MONITORING NETWORK
FIELD AND LABORATORY OPERATION SEPARATION MODE
PRACTICAL SKILLS AND APPLICATION

—

中国环境监测总站 / 编

中国环境出版集团 · 北京

图书在版编目（CIP）数据

国家地表水环境质量监测网采测分离实操技能与实务 /
中国环境监测总站编 .—北京：中国环境出版集团，2019.12
ISBN 978-7-5111-4268-9

Ⅰ.①国… Ⅱ.①中… Ⅲ.①地面水—水环境—水质
监测—技术方法—中国 Ⅳ.① X832

中国版本图书馆 CIP 数据核字（2019）第 295678 号

出 版 人 武德凯
责任编辑 赵惠芬
责任校对 任 丽
封面设计 彭 杉

出版发行 中国环境出版集团
（100062 北京市东城区广渠门内大街 16 号）
网 址：http://www.cesp.com.cn
电子邮箱：bjg1@cesp.com.cn
联系电话：010-67112765（编辑管理部）
010-67175507（第六分社）
发行热线：010-67125803，010-67113405（传真）
印 刷 北京中科印刷有限公司
经 销 各地新华书店
版 次 2019 年 12 月第 1 版
印 次 2019 年 12 月第 1 次印刷
开 本 787×1092 1/16
印 张 11
字 数 191 千字
定 价 80.00 元

【版权所有。未经许可，请勿翻印、转载，侵权必究】
如有缺页、破损、倒装等印装质量问题，请寄回本集团更换。

中国环境出版集团郑重承诺：

中国环境出版集团合作的印刷单位、材料单位均具有中国环境标志产品认证；
中国环境出版集团所有图书"禁塑"。

编写指导委员会

主　　任：陈善荣　　吴季友

副 主 任：陈金融　　刘廷良　　景立新　　肖建军　　王业耀

　　　　　李健军　　徐　琳

编 写 委 员 会

主　　编：吴季友

执行主编：李文攀　　解　鑫

副 主 编：杨　凯　孙宗光

编　　写（按姓氏笔画排序）：

丁　页　　马　恒　　马亚杰　　王珊珊　　牛　群

尹真云　　石　野　　白　雪　　邢　政　　邢瑞烨

许秀艳　　李　波　　李　梦　　李文攀　　吴济舟

陈　平　　陈　鑫　　尚用锁　　周　明　　唐冬梅

黄嘉诚　　嵇晓燕　　解　鑫　　蔡　熹

前言

随着国家环境监测体制改革的深入推进，生态环境监测工作越来越被全社会所关注。作为生态环境监测体制改革的重大举措，国家地表水环境质量监测事权上收是适应生态环境保护形势发展、深化监测体制改革的重大决策部署，也是厘清中央和地方事权、化解不当行政干预、确保监测数据的客观性和真实性的有效措施。

为有效落实《生态环境监测网络建设方案》（国办发〔2015〕56号），加快推进国家地表水环境质量监测事权上收工作，2017年10月起，我国正式启动国家地表水考核断面采测分离监测工作，实现了"国家考核、国家监测、数据共享"。所谓采测分离，就是将国家考核断面的水样采集和分析测试工作交由不同单位承担，改变原有的属地监测模式，从机制上与利益相关方脱钩，由第三方机构按照统一的技术标准进行水样采集，并在对水样加密混合后随机分送至各分析实验室。分析实验室对水样进行集中分析，原始监测数据直传中国环境监测总站，监测全流程、各环节满足留痕质控，最终实现数据的公开与共享。

监测数据质量是生态环境监测工作的生命线，也是生态环境保护工作的顶梁柱。为进一步确保国家地表水采测分离监测工作的稳定运行，最大限度地实现监测数据的真实、准确、可比，我们组织编制了《国家地表水环境质量监测网采测分离实操技能与实务》。本书内容涵盖了采测分离监测工作中的重点环节，包括任务制定与安排、采样前准备、现场监测、样品采集、样品运输、数据审核与报送、质量管理、内审与绩效评估、文化建设与人才培养等内容，详细解析了采测分离监测实施过程中的技术要点，具体列举了一些易错环节，并给出了相关情况下的处置方法。本书以完善地表水环境质量监测技术为宗旨，以推动国家地表水采测分离监测任务的规范开展为目标，择优吸收了第三方机构在执行采测分离监测中的一些我们认为值得大力推广的亮点做法，希望为大家拓展采测分离监测业务能力、提升业务管理和运行维护水平提供有益帮助。

本书由吴季友、李文攀、解鑫制定编制大纲，统筹全书编写。第一章由周明、李文攀等编写；第二章由陈鑫、牛群等编写；第三章由蔡熹、马恒等编写；第四章由李文攀、尹真云等编写；第五章由解鑫、尹真云等编写；第六章由白雪、李梦等编写；第七章由许秀艳、马亚杰等编写；第八章由嵇晓燕、尚用锁等编写；第九章由石野、吴济舟等编写。在本书的编写过程中，得到了（排名不分先后）广州京诚检测技术有限公司、长江水利委员会水文局汉江水文水资源勘测局、博慧检测（北京）技术有限公司、力合科技（湖南）股份有限公司、河北华清环境科技集团股份有限公司、聚光科技（杭州）股份有限公司、科邦检测集团有限公司、深圳市宇驰检测技术股份有限公司的大力协助，在此一并表示感谢。

由于时间和水平有限，书中错误和纰漏在所难免，恳请广大读者批评和指正。

编　者

2019 年 1 月 23 日

目 录

第一章 — 绪 论

1.1　水事权上收

长期以来，地表水监测模式为属地监测，即由考核断面的所在省（区、市）负责监测，国家根据属地站上报的检测结果对其进行考核，这种"考核谁、谁监测"的模式存在行政干预监测数据甚至数据造假的可能。为厘清中央和地方事权、避免不当行政干预，水事权上收工作通过引入第三方机构开展水质采样监测和水质自动监测站运维工作，既可以充分发挥社会资本作用，节约政府管理成本，又可以最大限度地保证监测数据的客观性与真实性，保证《水污染防治行动计划》目标责任考核的客观公正性。

国家地表水环境质量监测事权上收是生态环境监测体制改革的重大举措，是贯彻落实《生态环境监测网络建设方案》《水污染防治行动计划》《关于推进中央与地方财政事权和支出责任划分改革的指导意见》的重要内容，是适应新时期水环境管理需求、提高监测数据质量、确保数据客观真实的有效措施，是落实环保为民和进一步提升政府公信力的重要抓手。

在充分考虑地表水环境监测现状和特点的基础上，2017年，环境保护部开展了地表水监测事权上收的工作，其上收范围为《"十三五"国家地表水环境质量监测网设置方案》（环监测〔2016〕30号）确定的2 050个国家地表水考核断面，包括1 940个地表水评价、考核、排名断面和110个入海河流考核断面，其他断面仍按原有模式开展监测。

其主要思路是以国家考核、国家监测、数据共享为原则，以确保地表水监测数据质量为核心，以实现水质自动化监测为目标，以统一标准规范和质控为要求，分阶段、分步骤开展国家地表水环境质量监测事权上收工作。第一阶段，2017年10月起，2 050个国家地表水考核断面全面实施采测分离模式；第二阶段，在2018年完成2 050个国家地表水考核断面水质自动站建设工作，实现地表水监测以自动监测为主、手工监测为辅的监测模式；第三阶段，实现监测数据的联网发布共享。

1.2　采测分离

为贯彻落实《生态环境监测网络建设方案》，推进国家地表水环境质量监测事权上收工作，2017年9月，环境保护部印发了《国家地表水环境质量监测网采测分离实施方案》，同年10月，中国环境监测总站（以下简称监测总站）按照环境保护部要求，全面启动国家地表水采测分离工作。

采测分离，就是将国家考核断面的水样采集和分析测试工作交由不同的单位承担，改变以往的属地监测模式，从机制上与利益相关方脱钩，厘清了中央和地方事权，避免了不当行政干预，确保了环境监测数据的真实性，是保证地表水质量监测结果有效性的针对性改革措施。

1.2.1　工作情况

2017 年 10 月起，地表水环境监测事权上收第一个工作阶段——2 050 个国家地表水考核断面的采测分离工作，由监测总站开展实施。截至目前，采测分离工作实现了稳步业务化运行，成效显著。

1.2.1.1　理顺工作机制

监测总站从工作目标、技术路线、主要内容、业务要点等环节理顺了采测分离的工作机制，全面保证了采测分离工作的稳步运行。

1.2.1.1.1　明确了采测分离的工作目标

规范地表水采样和实验分析过程，明确统一采样、现场监测、实验室分析方法和质量控制要求；提高监测数据质量，确保数据客观真实，实现国家地表水环境质量监测事权上收；适应新时期水环境管理需求，更好地满足《水污染防治行动计划》目标考核需要，落实环保为民的理念，保障公民的环境知情权、参与权与监督权，将进一步提升政府公信力作为采测分离的主要工作目标。

1.2.1.1.2　制定了采测分离工作的技术路线及运行流程

国家地表水环境质量监测网采测分离模式的技术路线是指由监测总站统一制订采样计划，委托第三方采样公司按照统一技术规范要求进行采样和部分项目的现场监测，对样品进行加密编码，选择部分地市级监测站集中进行样品分析，监测数据通过"国家考核断面样品采集保存与交接管理系统"直传监测总站的地表水手工监测模式。其运行流程可分为制订和发布采测分离计划、编制采样方案和分析方案、样品采集和现场监测、样品混合和冷藏运输、样品交接、样品内部流转、样品分析、数据审核和报送、数据解码审核和共享等环节。采测分离技术路线图见图 1-1。

1.2.1.1.3　确定了采测分离工作的主要内容

将考核监测断面（点位）、现场监测项目和实验室分析检测项目、国家考核断面样品采集保存与交接管理系统、样品信息加密和编码、质量管理及人员培训等方面确定为采测分离的主要工作内容，重点把握主要工作内容，做到有的放矢，保证采测分离工作的正常运行。

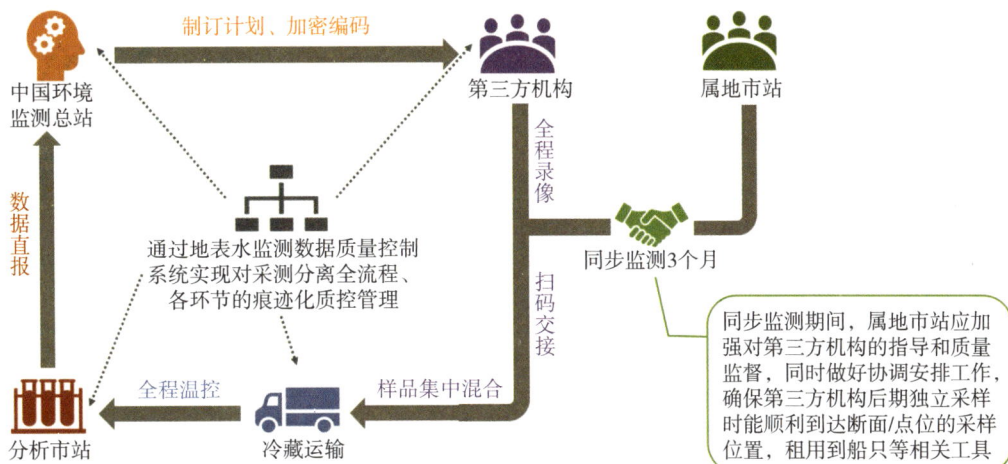

图 1-1 采测分离技术路线图

1.2.1.1.4 细化了采测分离工作的业务流程和实施要点

详细制订和发布了采测分离工作计划；专门编制了采样方案和分析方案，将采样前的准备、采样和现场监测、样品的混合、冷藏运输及样品交接、样品的内部流转、样品的分析、数据的审核和报送、数据解码及共享等业务流程进行了细化，明确了各环节的实施要点，做到严控细节，确保了采测分离各环节的开展。采测分离业务运行流程见图 1-2。

1.2.1.2 强化工作监督

为确保采测分离工作的质量，监测总站组织开展了一系列有针对性的质量管理措施，包括内部质量控制和外部质量监督等。采样公司和分析监测站严格按照相关要求，强化样品采集、样品运输、现场监测、实验分析、数据审核的监测全流程、各环节的内部质量控制，对采样公司和分析监测站定期开展外部质量监督。

每月开展采样公司人员和质控自查，评估核查细化到每一个采样小组和每一名采样人员，建立问题清单和整改台账，强化对发现问题整改的督办。开展对部分问题断面的现场检查，组织对第三方实验室的全面检查，加大试剂耗材的抽检力度，保障采样的规范性，从源头强化质量控制。除此之外，在采测分离工作中还严格把控实验室分析的规范性。主要通过定期向分析监测站核发密码样、组织开展实验室间比对和平行监测等监督措施，及时发现问题，督促整改，提升数据质量。

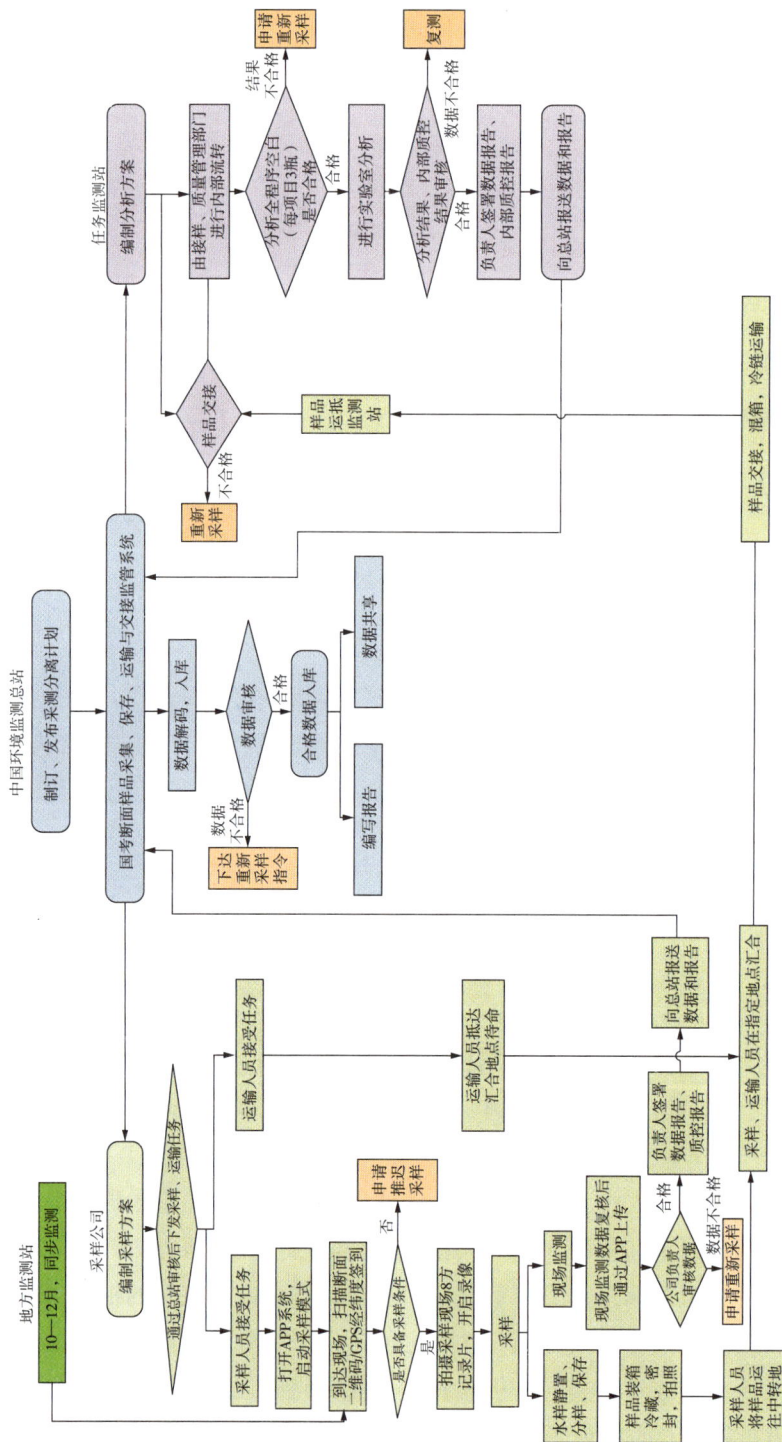

图 1-2　采测分离业务运行流程图

同时，对采样公司和分析实验室定期开展技能培训，组织了 7 次采测分离全国性业务培训，强化上岗考核和人员管理，实现了"持证上岗"的工作要求。监测总站持续优化采测分离业务的监督和管理，结合实际情况，不断调整优化送测方案，提升了监测工作绩效，保障了采测分离工作的稳步和持续进行。

1.2.1.3　加强质控管理

采测分离工作从机制上实现了监测分析与考核对象脱钩，确保了监测数据的独立、客观、公正。为全面加强国家地表水环境质量监测网采测分离质控管理，特制定并实施以下几种方法措施，以保证采测分离监测数据的"真、准、全"。

1.2.1.3.1　强化采测分离质控管理

一是加严现场监测和实验室分析质控要求，特别是针对水质变化明显（同比变化两个及以上水质类别）的断面，适当提高全程序空白样和外部平行样的比例。二是不定期组织专家对采测分离采样、样品保存、运输和分析等环节进行跟踪抽查。三是每月随机筛选部分断面，进行不同测试单位间的平行盲样比对测试。四是针对导致水质类别明显变化的关键指标，组织专家赴现场进行核查，重点查看断面水质情况以及相关指标实验室的前处理方式、分析过程等环节。

1.2.1.3.2　建立采测分离动态调整机制

为进一步提高采测分离数据质量，确保客观、全面地反映地表水环境质量状况，建立采测分离动态调整机制。一是增强采样的随机性，每月随机选择部分断面进行提前或延后采样。二是动态调整采样频次，对水质变化明显的断面，采用复采、复测的方式进行加密监测，其监测数据作为评价断面水质的重要依据。三是建立采样人员和分析测站动态轮换机制，原则上同一采样小组不能连续 3 个月负责同一断面的采样工作，在保证样品有效性的前提下，扩大分析测站任务随机分配范围。

1.2.1.3.3　建立水质异常情况报告

各省（区、市）生态环境主管部门按照水环境质量"只能变好、不能变差"的要求，以水环境质量改善为核心，明确责任部门和责任人，密切跟踪本行政区域内的水环境质量变化。对当月同比水质变化明显和复测与当月相比水质变化明显的断面，地方生态环境主管部门要及时分析原因；监测管理部门要配合监测总站，从采样、样品运输、分析测试、质控规程等方面进行分析；环境要素管理部门要从水污染治理工程、生态流量补给、水文气候条件变化、突发性事件影响等方面进行分析，并及时上报当月同比变化明显的原因分析报告。监测总站组织专家一并进行论证和研判。

1.2.2　工作成效

1.2.2.1　监测技术体系建设逐步完善

截至目前，采测分离监测技术体系已基本建立，形成了地表水监测全流程的技术规范并具体实施，统一了操作规程、标准方法及质控要求，确保了监测数据的准确、可靠。

在采测分离工作开展初期，《国家地表水环境质量监测网采测分离采样技术导则》《国家地表水环境质量监测网采测分离现场监测技术导则》《国家地表水环境质量监测网采测分离实验室分析技术导则》以及《国家地表水环境质量监测网监测任务　作业指导书（试行）》的编写和制定为采样的规范性、样品运输的时效性以及实验分析的规范性提供了技术体系的支撑和保障，确保了采测分离工作的成功开展。

随着采测分离工作的逐步运行和推进，《采样用试剂耗材检定技术规范》《样品采集与运输技术规定》《地表水现场监测五参数技术规范》《数据有效性审核技术规范》《采测分离质量控制与管理技术规定》《地表水环境质量评价技术规范》等相关标准也逐步向标准化文件转化，逐步推进了监测技术体系的建设和完善，技术规范精细化水平明显提升。

1.2.2.2　监测数据质量明显提升

采测分离工作是由监测总站统一制订实施计划，第三方机构按照统一的技术规范进行采样，对水样加密混合后随机分送至各分析实验室。分析实验室对水样进行集中分析，原始监测数据直传监测总站，监测总站完成数据汇总审核后，及时与地方共享。这种监测模式打破了长期以来的监测模式，由"考核谁、谁监测"转变为"谁考核、谁监测"，厘清了中央和地方事权，避免了不当行政干预，从而在机制上确保了监测数据的真实、客观和准确，推动了监测数据质量的提升。

监测总站不断加强以内部质量控制和外部质量监督为主的质量管理工作，持续优化采测分离业务管理，结合实际情况，不断调整优化送测方案，提升了监测工作绩效。目前，采测分离工作每月接收并管理监测数据约 17 万个，支持对任务制定分配、现场监测、样品运输、实验室分析、数据上报、审核与共享等全流程的信息化管理，实现数据可追踪、可溯源，为监测数据的有效性评价提供支撑。每月组织专家对采测分离数据进行逐级审核，不断完善工作机制，确定了审核原则和评判标准，监测结果客观、准确、可靠，有力地支撑了地表水环境质量评价和"水十条"考核工作。

采测分离工作中，监测总站不断建设和完善监测技术体系，逐步形成了统一的操作规程、标准方法和质控要求，有效地避免了监测标准和评价依据不一致而使监测数据不可比的弊端，切实保证了监测数据的代表性、准确性、精密性、可比性及完整性，实现了监测数据真正意义上的"真、准、全"，是落实《关于深化环境监测改革　提高环境监测数据质量的意见》的又一重大举措。

1.2.2.3　引领监测能力大幅提升

第三方采样公司服务能力的大幅提升。目前，第三方采样公司在环境监测工作中发挥着越来越重要的作用，但其对行业标准和规范的认知还不全面、不到位、不统一，社会服务能力良莠不齐，有待提升。在采测分离工作中引入了第三方检测机构的力量，通过培训、指导和监督，进一步规范统一行业标准，达成共识，全面提升了其现场采样和监测能力，极大地提高了第三方公司的社会服务能力。这为落实环境保护部《关于推进环境监测服务社会化的指导意见》、引导社会力量广泛参与环境监测、规范社会环境监测机构行为、促进环境监测服务社会化的良性发展迈出了坚实的一步。

地市级分析监测站分析能力的大幅提升。在以往的监测模式中，各个分析测站分析人员对分析标准的理解和认识不同，对分析标准的执行尺度把握程度不同，分析能力有待提高，这给确保监测数据质量和评价的准确性带来了很大的困难。在采测分离工作中，逐步加强了各个分析监测站实验人员的技术培训和技能考核，统一了分析规范和操作规程，极大地促进了各地市级监测站的分析能力和业务水平。

1.3　国家考核断面样品采集保存与交接管理系统（一期系统）

按照国家地表水环境质量监测事权上收工作的总体部署，为认真落实国家地表水环境质量监测网采测分离工作，充分运用互联网、物联网、大数据、云计算等现代信息技术手段，开展国家考核断面样品采集保存与交接管理系统建设。此项目对国家地表水环境质量监测网采测分离监测的采样、现场监测、样品运输和实验室交接各环节进行实时跟踪、标准化管理和有效溯源，为采测分离业务化运行提供支撑和保障。

管理系统由监测总站设计、管理和运行，构建了采测分离计划管理模块、样品采集和保存监管模块、样品混合与运输监管模块、样品交接监管模块、任务解密模块等，实现了对地表水手工监测断面的采样、保存、运输、交接等采样全过程自动化管理与留痕，并完成了 APP 移动终端的应用开发。通过此系统全面实现：①智能定制采测分离计划；②自动加密样品信息，解码监测数据；③自动生成采样、现场监测、运输、样品交接、样品流转、实验室分析和质量控制的任务、表单和报告；④对采样、现场监测、运输、样品交接，实现样品实时跟踪、标准管理和有效溯源；⑤按需生成统计图表和汇总信息，依据权限共享地表水环境质量监测结果。另外，移动 APP 可通过跟踪采样和送样轨迹、拍照、视频等方式对地表水手工监测的样品采集、保存、运输、交接进行全过程管理与信息记录，也可以接收、上传并存储通过执法记录仪拍摄的全过程视频录像，并对样品进行自动标识，保障监测过程的规范性。

国家考核断面样品采集保存与交接管理系统实现了样品采集和监测业务的分离运行，实现了采样环节、运输过程的精细化管理，实现了计划下达、监测数据上报、质控数据管理、数据审核、分析评价、数据入库全业务流程，有效地保障了采测分离业务的正常运转。

1.4 小结

在国家改革大潮中，采测分离作为国家地表水水事权上收的重点工作之一，迈出了坚实的一步，取得了较好的工作成效，有力地支撑了地表水环境质量监测和"水十条"考核工作，采测分离及其相关工作得到了部领导、监测系统和社会各界的肯定。在未来的工作中，监测总站将从以下几方面重点抓好采测分离工作：一是加快推进监测技术体系建设，实现技术规范标准化转化；二是持续加强对采测分离参与单位的监督，强化全过程质量控制，切实保障数据质量；三是加快推进采测分离信息系统建设，实现采测分离智能化管理；四是解决存在的技术瓶颈，做好与自动监测的有机衔接，以技术支撑环境质量改善和水污染防治攻坚战。

第二章 —— 任务制定与安排

结合采测分离工作的需要和公司的自身能力，确定本项目在一定时期内的任务，通过计划的编制、执行和检查，协调和合理安排组织各方的经营和管理活动，有效地利用组织的人力、物力和财力资源，取得最佳的经济效益和社会效益。可以扼要地将计划工作的任务和内容概括为 6 个方面，简称为"5W1H"，即：做什么（What）、为什么做（Why）、何时做（When）、何地做（Where）、谁去做（Who）和怎么做（How）。

每月采样公司需要根据实际情况编写详细可行的监测任务实施方案和应急预案。实施方案编写内容包括：样品采集、样品保存、样品交接、现场监测和样品运输的实施方案，以及相对应的内部质量控制和质量保证。应急预案内容应包括：样品采集、样品保存、样品交接、现场监测，以及样品运输过程中，由于车辆出现故障或事故、遭遇恶劣天气等原因无法按时、保质完成任务时的有效预防和补救措施等。

2.1　采样断面的现场踏勘

2.1.1　踏勘目的

国家地表水环境质量监测网采测分离任务是一项高标准、严要求、重质量的技术工作。为及时、有效地完成每月的采测分离任务，采样任务前的断面现场踏勘工作尤为重要。

现场踏勘的主要目的是收集采样断面的基本信息，明确断面位置、断面类型、断面河宽和水深、采样方式、联系人、交通路线、酒店住宿等，指导采样前的准备工作和现场采样工作，为采样前的准备和现场采样奠定基础并提供依据。

2.1.2　踏勘内容

2.1.2.1　明确采样断面（点位）位置

工作人员根据中国环境监测总站提供的断面经纬度，确定断面（点位）具体采样位置和断面桩位置，用手持 GPS（经纬度保留 4 位小数）记录断面桩坐标和采样断面坐标，分别拍摄断面上下游、左右岸、水面和断面桩的照片存档，并按"断面编码 # 断面名称 # 位置 # 所属流域 # 所属省份 # 所属地市 # 所属河流"的格式命名（图 2-1）。

东经：112.3456

北纬：12.3456

620700_2003#皇城水库#断面桩#西北诸河#甘肃省#张掖市#东大河

620700_2003#皇城水库#上游#西北诸河#甘肃省#张掖市#东大河

620700_2003#皇城水库#下游#西北诸河#甘肃省#张掖市#东大河

620700_2003#皇城水库#左岸#西北诸河#甘肃省#张掖市#东大河

620700_2003#皇城水库#右岸#西北诸河#甘肃省#张掖市#东大河

图 2-1　采样断面存档照片示意

2.1.2.2　明确断面类型

断面类型主要分为一般河流断面、湖库点位和感潮河流断面 3 种。根据断面的特征，又可分为多泥沙断面、受藻类影响的断面（点位）、冰封断面、水深小于 0.5 m 的断面。每种类型断面的采样方式和采样工作不尽相同，踏勘时应详细调查，明确断面周边情况，是否存在断面清淤、断流等情况，判断天气等外界因素是否对断面水质有所影响。

2.1.2.3　明确河宽和水深

踏勘时应测量采样断面的河宽（建议采用红外测距仪）和水深（建议采用测深仪），便于确定采样垂线数和点位数。

2.1.2.4　明确采样方式

踏勘时应根据断面特征确定采样方式。水深较浅的河流断面宜涉水采样，附近有桥梁的河流断面宜在桥上采样，湖库点位和水体较深的河流断面宜采用船只采样，北方冰冻期的河流、湖库点位宜采用冰上采样。

2.1.2.5 明确住宿及交通路线

为了保障现场采样资料的及时上传，踏勘时工作人员应走访断面附近的酒店，确保网络条件达标。同时，确定酒店至断面的最佳交通路线，避开拥堵、路面颠簸等交通状况较差的路段。

2.1.2.6 明确联系人

联系人包括参与同步采样的属地站采样人（如允许）、船只采样断面的船主、最佳住宿酒店的联系人。踏勘时应收集以上联系人的联系方式，在采样前提前联络，告知到达时间，保障任务顺利完成。如果需要介绍信方可进场的，需要监测总站与断面主管部门协调开具。

2.1.2.7 填写《现场勘查记录表》

采样断面踏勘工作流程见图 2-2，现场勘查记录表见表 2-1。

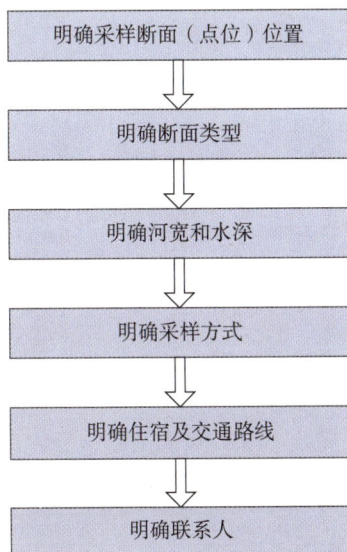

图 2-2 采样断面踏勘工作流程

表 2-1　现场勘查记录表

点位编码			断面名称			断面类型	
所属区域			所在河流			断面宽度	
标记经纬度	经度		实测经纬度			经度	
	纬度					纬度	
实际地址							
交通情况							
断面 基本情况							
采样方式							
周边环境							
其他信息							

注：1. 交通情况（从主要城市前往现场所经路名、油耗、距离、过路费、时长等）；
　　2. 断面基本情况（河宽、水深、丰水期、枯水期、涨潮情况等）；
　　3. 采样方式：桥梁（名称、宽度、高度）、湖库（名称）、船只（能否租赁）、岸边、涉水、
　　　　破冰；
　　4. 周边环境（上下游村庄、左右岸情况、工业情况、排污口等）。

2.1.3　踏勘频次

由于采样断面在丰水期、平水期和枯水期的情况不尽相同，河道整治、水利工程建设等人为因素也会对断面产生一定的影响，因此，建议每 3 个月开展一次采样断面踏勘工作，以便了解和掌握断面的最新情况。

若采样人员对断面情况不熟悉，需在采样前一天提前到达采样断面，了解情况，以确保顺利开展采样当日的工作。

2.1.4　清淤施工断面设置临时替代点

河道清淤是地方水环境污染治理的一项主要内容，受监测断面上游或周边河道清淤的影响，原监测断面经常出现水体不连续、水质浑浊、水样不具备代表性等问题。各省（区、市）需选择具有水质代表性的断面作为临时替代断面，并需向生态环境部提交"清淤施工断面设置临时替代点"工作的申请，以便采样公司采集到具有代表性的水样。

2.1.4.1　工作流程

第一步：地市级生态环境局负责收集整理国控断面在清淤施工期设置临时替代点的相关证明材料，并将佐证材料及相关情况上报省生态环境厅；

第二步：省生态环境厅根据地市级生态环境局提交的佐证材料进行综合论证、研究并提出意见，并将佐证材料作为论证结果的附件上报生态环境部；

第三步：生态环境监测司针对省生态环境厅的来文内容征求水生态环境管理司和监测总站意见；

第四步：监测总站根据材料内容从技术层面进行合理论证，并将论证意见以书面形式回复生态环境监测司同时抄送水生态环境管理司；

第五步：生态环境监测司结合监测总站反馈意见对申报文件进行最终认定，书面回复相关省生态环境厅并抄送水生态环境管理司和监测总站；

第六步：监测总站根据生态环境部具体要求对监测任务作出适当调整。

2.1.4.2　准备材料

① 国控断面的清淤施工证明文件、图片资料（包括工程主项批复文件、招标合同、开工证明、清淤位置、淤泥去向、土方量、上游汇水去向、施工期限等）；

② 高分辨率的小流域、汇水单元水系图（能清晰反映国控断面与临时替代点之间的水域联系以及小流域的水文特征）；

③ 国控断面与临时替代点不少于连续 5 d 的水质比对分析报告；

④ 国控断面与临时替代点之间的可行性论证报告（包括两点间的位置关系、两点

间有无支流以及两点间有无点源、面源等污染源等）。

2.1.4.3　部门职责

2.1.4.3.1　政府职能部门

① 地市级生态环境局：督促政府加强各相关部门的沟通及联动性，把控工程报批的时间节点；

② 省生态环境厅：对地市级生态环境局提交文件组织论证审核；

③ 生态环境部：对省生态环境厅上交文件研究审定。

2.1.4.3.2　监测系统

① 分析测站[①]、市级监测站[②]：配合地市级生态环境局提供技术材料（点位论证、水质比对、可行性研究报告等）；

② 省级监测站[③]：根据当地环境质量状况、断面考核要求给出合理意见和建议；

③ 监测总站：对申请从技术角度综合研判，提出合理性建议。

2.1.4.3.3　建议

① 准确把握清淤工程反馈的时间节点。在政府批复启动清淤工程文件后第一时间，将有关情况逐级申报到生态环境部，在清淤工程启动之前获得相关批复，不耽误采测分离任务。

② 确保申请材料的完整性。工程证明文件、水质分析报告、可行性研究报告等技术文件充分完整。

③ 明确具体调整工期、施工的具体起止时间等，原则上要求施工期不超过 3 个月。

2.2　采样计划的制订

2.2.1　基础任务信息整理

① 每月下旬（一般是 25 日前后），监测总站根据监测任务制订采样计划，并下达到采样单位。采样单位的采样管理员会收到国家地表水环境质量监测网国家考核断面

---

① 进行采样断面样品分析的环境监测站，简称为分析测站。

② 采样断面所属市级环境监测站，简称为市级监测站。

③ 采样断面所属省级环境监测站，简称为省级监测站。

样品采集保存与交接管理系统（以下简称"系统"）发送的任务通知短信。采样单位须在 48 h 内制订当月的采样方案，并将所负责的每一个断面的采样任务工单通过系统分配给相应的采样人员和运输人员。

②采样单位采样管理员登录网址进入系统，填写账号、密码进入系统运行管理界面。调整查询条件（见图 2-3）至任务月份，找到采样任务对应的条框，点击"导出"按钮导出采样任务信息。

图 2-3　任务信息界面

③采样单位以系统导出的采样任务信息为基础，确定所负责任务区域断面的送样对应关系，以制订合理的采样计划。

2.2.2　制订采样计划

制订合理的采样计划需考虑多方面的因素，包括采样内容、任务分解、采样路线的规划、人员的搭配、工作量的分配、季节、天气、交通、同步采样的沟通、任务进度等。此项工作时间紧、任务重，需由熟悉现场情况的采样负责人编制完成。

采样计划的内容主要包括人员分组、车辆安排、采样任务分配、采样路线规划、应急预案。

2.2.2.1　人员分组及职责

采样单位可将任务区域划分为若干个责任区（见表 2-2），每个责任区根据任务量配置若干个采样小组和运输小组。

建议每个采样小组由 2 名采样人员和 1 名司机组成，每个运输小组由 1 名运输人员和 1 名司机组成。所有参与现场采样的人员必须持证上岗。

为便于采样工作的管理，每个责任区应安排 1 名区域负责人，每个小组安排 1 名现场负责人。

表 2-2　各部门职责汇总

序号	人员	职　　责
1	区域负责人	对所负责任务区内采样任务开始前后的各项工作进行组织协调，包括区域采样方案的制定、前期准备工作的组织和监督、区域采样调度、信息传达、区域现场资料的审核汇总、区域成果质量监督、区域安全生产监督等
2	现场负责人	负责小组内各项工作的执行、现场采样质量把关、现场监测数据把关、现场资料的填报、现场安全保障等工作
3	采样组组员	配合现场负责人完成本组内各项工作任务
4	运输人员	负责样品的温度控制、样品的运输和保存、样品的交接等工作
5	司机	根据需要协助做好采送样相关工作、车辆维护、行车安全等
6	技术支持组	采样单位应根据各自内部管理的特色，设立技术支持组。技术支持组作为项目协调和技术支撑机构，主要负责各责任区采样方案汇总、系统任务工单分配、质量控制管理、任务进度监督、现场数据审核及更正、突发事件处置、现场检测报告及质量控制报告的编制、技术总结和培训以及与总站对接等工作。技术支持组应设立协调联络员、设备管理员、试剂管理员、资料管理员等岗位，专职负责相关工作，确保内部工作有序开展

2.2.2.2　车辆安排

采样车辆是采样工作的基本交通工具，按功能分为采样车和冷藏运输车两种。每个采样小组配备 1 辆采样车，每个任务区配备若干辆冷藏运输车（见表 2-3）。

对于山区、冰封区或道路交通状况较差的断面宜安排越野车型，保障任务进度和安全；对于交通状况较好的平原断面，安排一般车型即可。

2.2.2.3　采样任务分配

采样单位可根据所负责区域的断面地理位置，将任务区域划分为若干个责任区，并充分考虑各责任区的交通状况、地形特征等因素，合理分配各责任区的任务量，既要确保整体任务进度，也要给复测、重采等临时任务和突发状况预留一定的调度空间（见表 2-4）。

责任区的划分应保持相对固定，根据每月监测总站任务安排的变化，灵活调整各责任区的任务量。调整时，主要考虑各责任区的交界断面。

表 2-3　人员及车辆安排表

分组	采样组							运输组				主要负责区域
	采样成员	人员姓名	联系电话	人员姓名	联系电话	司机	联系电话及车牌号	运输车辆编号	人员姓名	联系电话	司机	
第一组	第1组　大组长											
	第2组　小组长											
	…　　…											
第二组	第5组　大组长											
	…　　…											
	…　　…											
	…　　…											
第三组	…　　…											
	…　　…											
	…　　…											
	…　　…											
第四组	…　　…											
	…　　…											
第五组	组长											项目协调与技术支持

表 2-4 采样计划及接驳方案汇总表

采样日期	区号	组号	断面	省（市、区）	垂线	层数	组长	联系电话	采样时间安排	送样站	送样人	接驳方案	上月是否断流
	1	第 1 组											
		第 2 组											
		第 3 组											
		第 4 组											
	2	第 5 组											
		第 6 组											
		第 7 组											
		第 8 组											
	……	第……组											
		第……组											
		第……组											
		第……组											
	n	第……组											
		第……组											

2.2.2.4　采样路线规划

采样路线规划是否合理关乎任务能否顺利实施，应遵循以下原则：

① 采样任务覆盖全月，每月采样任务根据如双休日、恶劣天气、节假日等实际情况进行调整。

② 如无特殊情况，采送样方案应按由远及近（以采样单位驻地为基准）、先难后易、逐步集中推进的原则规划路线。

③ 制订采送样方案应全盘考虑，在保证采样质量、总体进度的同时，还要处理好个别采样难度大的断面。

④ 各区采送样方案的制订，应由具备现场实践经验的区域负责人或现场负责人负责，对不熟悉的断面，应征求去过该断面的采样人员的意见。采样方案的制订不能仅依靠地图软件，必须结合现场实际情况，充分考虑天气、地形、交通、时效、成本等因素，做出最优方案，以保证采送样方案的可行性，避免纸上谈兵。

⑤ 各区采送样方案的制订人宜固定，便于其根据上月的实施运行效果作合理优化，以保证采送样实施方案的效率、质量和连续性。

⑥ 原则上以送往同一分析测站的断面为任务单元制订采送样方案，但也应结合断面的地理位置，地理位置分布较近的断面即使不送往同一分析测站，如果送样可以安排妥当（如隔日送样），也应尽量安排在同一天采样，避免将宝贵的采样时间浪费在不合理的路线规划上。

⑦ 对于有同步采样要求的地区，在制订采送样方案时，必须提前与属地站的领导沟通联络，保证双方都能圆满完成采样任务。

⑧ 采送样方案必须不断优化、完善，达到工作轻松、质量可控、成本可接受、效率高、进度快的效果。

⑨ 为了应对复测、重采等临时任务或突发事件，应制订应急预案，在规划采样路线的时候予以充分考虑，同时准备充足的备用样品瓶。

2.2.3　确认采送时间

采样单位在制订采样计划时应根据任务进度安排，预估各采样断面的采样时间和送样时间，便于分析测站提前做好收样准备工作。

采样时间的确认遵循以下原则：

① 工作日采样时，采样时间应安排在上午，若采样组当天承担两个以上采样断面的任务，应充分考虑每个断面的任务耗时和转场时间，为运输小组预留充分的送样时间。

② 周日采样时，采样时间应安排在周日下午，充分考虑送样时长和 18 h 内送样的原则，合理安排采样开始时间。

送样时间的确定应征求分析测站的意见，原则上在分析测站下班前完成送样。若遇堵车、恶劣天气、运输车辆发生故障等突发状况，应及时告知分析测站，协调工作安排，确保样品及时送达。

2.3 制订交接与送样方案

2.3.1 基础信息调查

交接与送样方案是采样方案的核心，其合理与否将直接影响到采样任务的可行性和完成效率。采样单位在制订交接与送样方案时，应充分收集任务区域的基础信息（见表 2-5）。

表 2-5 基础信息调查表

序号	人员	职　责
1	采样断面分布	收集准确的采样断面坐标，在地图软件上准确标注
2	分析测站位置分布及联系人	收集准确的分析测站地址信息和联系人电话
3	交通路线分布	收集采样断面附近的交通路线分布图，明确采样断面至分析测站之间的高速公路、国道、省道等道路交通状况，通过地图导航预估送样时间
4	高速公路收费站分布	收集采样断面至分析测站路线区间内的高速公路收费站位置信息，便于确定接驳点
5	实时交通信息	收集交接与送样路线区间的实时交通信息，如单双号限行、阶段性交通管制、速度管制等

2.3.2 接驳点选取

接驳点最好设在采样断面附近的城郊高速公路收费站，确保样品交接后，冷藏运输车能以最少的时间将样品送至分析测站，同时避开市区拥堵路段。

运输组需同时与多个采样组交接样品时，建议将接驳点设在距离采样时间耗时较长或道路交通状况较差断面较近的高速公路收费站，以节约采样组的任务时间。

若采样断面为点位数较多的湖库点位，采样车无法将全部的样品箱送至运输组，此时应将接驳点设在断面处。

若采样断面距离收费站较近，或断面至分析测站区间内无合适的高速公路收费站，亦可将接驳点灵活设在国道或省道主干线的开阔地段。

接驳点应选择在不影响交通运行的开阔地带，确保样品交接时人员和车辆的安全。

2.3.3　居住点选取

对于采样人员而言，建议将居住点设在采样断面附近的地级市或县城，居住点应具备网络畅通、有冷冻设施、安全可靠、有停车场等条件。若采样断面位于偏远山区，周边居住条件较差，应考虑断面附近的乡镇宾馆。

对于运输组而言，建议将居住点设在次日接驳点附近的地级市或县城，居住点应具备能够为冷藏运输车持续供电的外接电源，同时具备安全可靠的停车场，确保样品的安全。

2.4　特殊状况应急处理办法

2.4.1　采样过程

2.4.1.1　设备故障

① 冬季室外温度低于现场监测仪工作温度时，应在采样车内或附近民居内开展现场监测。车内操作时需打开空调，保持室温环境。若电导率探头异常，出现不显示数值等情况，可将仪器探头置于温水（不超过 40℃）中，浸泡几分钟，待仪器恢复正常时再进行监测。

② 现场监测仪连接探头开机后反复读条，或出现其他不正常工作现象时，应检查仪器探头接头处接触是否良好，数据线是否有过度弯曲、夹压痕迹等。应保持仪器探头接孔干燥清洁，接入时以适当力度旋紧，不可用力过度造成损坏，也不可松动导致接触不良。探头数据线不可过度弯折和夹压，防止线路受损。

③ 现场监测仪在经过校准后，测定质控液数据超出范围，应重新进行校准。通常造成此种情况，主要是由于标定液与外界环境温差较大，标定液温度不稳定，导致校准曲线不准。可待标定液与外界环境温度趋于一致时，完成校准。

④ 测深绳铅锤连接处出现锈蚀、断掉等情况时，可使用采样绳绑定重物，做好水深测量，利用卷尺测出数值。

⑤ 样品瓶在采样现场由于磕碰、跌落等原因造成损坏，在现场没有备用瓶的情况下，需先联系周边采样组借用样品瓶或由接驳车将备用瓶送至采样现场。

⑥ 在现场监测仪探头确认无法工作的情况下，按照要求启用备用仪器。当备用仪器也无法正常工作时，若相邻工作小组距离较近，可紧急借用相邻小组仪器设备；或借用同步方的仪器设备完成现场监测。在完成当天断面采样后，可取得大组备用仪器，完成后续采样监测工作。

⑦ 判断标定液或者固定剂出现污染或者泼损的情况下，特别是出现污染的情况，不可再用。

⑧ 冷媒没有冰冻或者冰冻效果不理想的情况下，可在商店购置冰冻矿泉水，代替冷媒制造冷藏环境。

⑨ 断面桩二维码损坏或丢失、汛期洪水期间被淹没等情况下，可由断面桩扫码签到改为 GPS 签到。

⑩ 现场采样 App 签到时若显示距离异常，可能因为手机 GPS 定位信号没有稳定或者没有打开，应检查手机定位信息开关，待信号稳定后，再进行签到。若断面桩埋设位置的确与 App 经纬度差距较大，应以实际断面桩所在位置为准进行 GPS 签到。

2.4.1.2　现场监测数据异常

建议在开展采样准备工作期间，各采样小组应收集本小组本月承担采样断面的上月（或一年内）现场监测数据情况，以便在开展现场监测工作时进行对照比较。

① 当 pH < 6.0 或 > 9.0、溶解氧 < 5 mg/L 或明显过饱和，即视为现场监测数据异常。

② 当现场监测出现数据异常时，处置流程如下：

● 立即上报技术支持组备案，说明现场情况。

● 多角度拍摄断面照片，全方位收集现场基础资料，需能直观体现水体情况和异常原因。

● 重新校准仪器，将校准示值界面拍照留证。

● 测试质控样，将测试结果拍照留证。

● 立即复测，在原采样点左右两侧 1~2 m 处各取一次水样，记录复测结果，将仪器示值拍照留证。若与原采样点一致，基本说明数据准确。

● 若有同步监测人员可与其监测结果进行比对，若数据相近，拍照留证；若数据不一致，以我方数据为准。

● 当日编写书面《×× 断面 ×× 异常情况说明》，技术支持组审核后，上传系统。

● 异常情况的处置过程需单独全程录像，异常情况留存的证据应在现场及时发送给技术支持组，以便上报监测总站。

● 在 pH 特别异常的情况下（如 pH=2.90，严重偏酸），要立即告知技术支持组，并在事件处理过程中，做好变化过程监测，可每隔 15 min 监测一次数据；同时，采用 pH 试纸与便携仪同时测定，拍摄照片留证（图 2-4）。

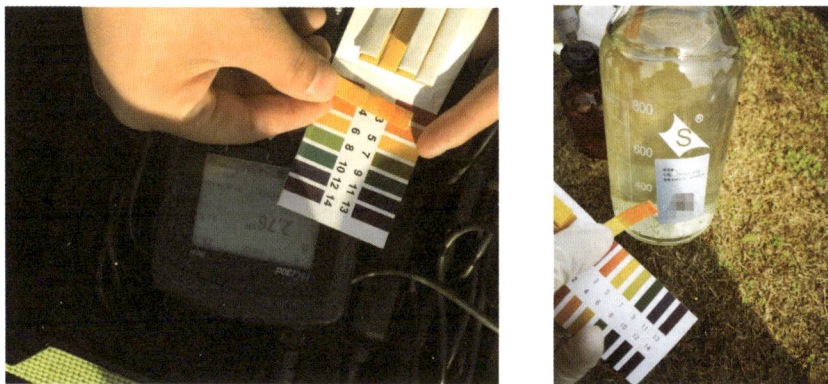

图 2-4　现场监测仪与 pH 试纸比对

异常情况说明的模板见表 2-6。

2.4.1.3　恶劣天气

2.4.1.3.1　大风

湖库点位采样可能受到影响。风力巨大时，可能会出现封航的状况。若在未封航的状态下，采样可租用规格更大、航行更稳的船舶；若无合适船舶，无法完成计划中的湖库点位采样，应及时根据大组和接驳车送样情况调整工作安排。

2.4.1.3.2　暴雨

暴雨时应暂停采样，待雨转小或暂停阶段，再完成水样采集。采样工作完成后立即转移到民居等可避雨地方，开展现场监测、水样分装等其他工作。防止固定剂、试纸等淋湿或受潮。采样车辆不宜深入滩地、旱地等，避免陷入。若暴雨影响采样断面水质的代表性，可调整采样时间。

2.4.1.3.3　暴雪

采样车辆应安装防滑链行车，尽量避免行驶到陌生路段、泥泞路段。若天气情况不允许外出作业，应及时调整采样计划，并告知相关单位和人员，做好标签打印等其他准备工作。

表 2-6 ×月 ×× 断面 pH 超标情况说明

断面名称：××× 断面编号：1 ×× 100 ××××

所属省份：××省 所属分包：第 ×× 包

属 地 站：××市环境监测站 属地站是否同步：是

送样测站：××市环境监测站 采样公司：××公司

采样时间：××××年 ××月 ×× 日 ××∶××

实际采样位置：经度 ××.×××××× 纬度 ××.××××××

现场情况说明：该断面与 ×× 市环境监测站在断面桩处同步采样。采样当天未下雨，断面周边为农田林地，无工业区，水面有少量漂浮物，附近无牲畜，水体发黄略浑。现场监测数据中 pH 异常，为 9.16。本小组在第一时间对现场监测仪器进行重新校正，并进行 pH 计准确度核查。校正及核查完成后，重新在该断面不同的两处地方取水进行复测，复测结果分别为 9.21 和 9.22。

仪器校正照片	仪器校正照片
准确度核查照片	现场数据复测照片 1
现场数据复测照片 2	断面桩（GPS）照片

2.4.1.4 异常断面

异常断面的情况主要包括断流、冰封、采样点减少等情况。冰封断面若能安全作业则应正常破冰采样，若处于冰封初期或化冰期则应遵照安全第一的原则，按无法采样处置。

2.4.1.5 环境判断

2.4.1.5.1 断流断面的判定

地表水监测断面无水或冰层下无水。站在断面处观察河道上下游，肉眼可见范围内，水体不连续，即视为断流。

2.4.1.5.2 冰封期断面的判定

地表水被冰层完全覆盖，并且能够在冰面上安全作业的时期。

2.4.1.5.3 冰封初期、化冰期断面的判定

地表水部分冰封或水面有流冰、浮冰、冰表积水而无法进行冰面上安全作业的时期。

2.4.1.5.4 减点断面的判断

根据断面垂线和点位的设置原则，结合工单任务，判断断面是否需要减少采样点。

2.4.1.6 断流断面

① 打开执法记录仪拍摄断面周边情况。

② 现场拍摄三张照片。第一张为站在断面桩位置拍摄河流状态（需包含断面桩）（见图 2-5）；第二张为河流上游状态，桥上采样时，可站在桥上拍摄（见图 2-6）；第三张为河流下游状态（见图 2-7）。

③ 将现场照片立即上报给技术支持组，由其仲裁是否采样。

④ APP 执行正常签到操作。

⑤ 勾选"无法采样"选项，点击"记录照片"，按第②条的要求拍摄照片，填写无法采样原因，点击"保存并继续"，按软件提示进行余下操作，软件界面如图 2-8 所示。

⑥ 采样当天编写《无法采样情况说明》，上传"系统"。

⑦ 在纸质表格右上方记录无法采样原因，采样结束后上交。

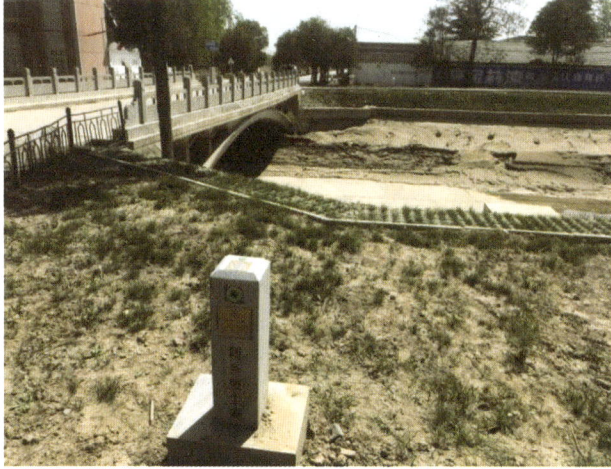

图 2-5　站在断面桩位置拍摄河流状态

图 2-6　站在桥上拍摄河流状态

图 2-7　站在断面桩位置拍摄河流下游状态

图 2-8 无法采样系统界面

无法采样情况说明模板见表 2-7。

表 2-7 断面无法采样情况说明模板

断面名称：××	断面编号：
所属省份：×× 市	所属分包：
属 地 站：×× 市环境监测站	属地站是否同步：否
送样测站：×× 市环境监测站	采样公司：×× 公司

采样时间：×××× 年 ×× 月 ×× 日 ××：××
实际采样位置：经度 ××.×××××× 纬度 ××.××××××
无法采样原因：断面处河面结冰，冰层较薄，有安全隐患，无法冰上作业

断面桩照片（或 GPS 定位照片）	现场照片

2.4.1.7　减点断面

① 减点操作时，按照采样规范保留垂线。

② 点击工单中需减掉的垂线菜单。

③ 点击上方"将垂线标记为无法采样"按钮，输入减点说明（如河宽不足 50 m）。

④ 减点断面应严格执行采样规范，不得随意减点。

2.4.1.8　冰封断面水样采集要求

2.4.1.8.1　冰上作业前安全检查

① 冰封初期、化冰期，出于安全考虑，采样人员可不进行冰上作业。

② 采样人员需穿戴好防寒服和救生衣，前方探冰人员佩戴好安全带或安全绳，与后方安全保障人员或建筑物、树木、采样车等连接，保证安全，防止坠冰。

③ 用冰钎探路，初步判断冰层厚度和牢固度，注意暗沟和薄冰层，确保安全到达采样点位。

2.4.1.8.2　破冰点的选择和破冰作业

① 对只设置一个采样点的冰封河流采样时，破冰点应尽量选择在河流主流上。一般情况下，河流主流可参考非结冰期河流主流位置，如无法确定河流主流，破冰点可设在河流中线上。破冰点应避开死水区。

② 在确保安全的条件下，用雪铲清理采样点冰面上层冰雪及覆盖物，清理面积要大于钻孔面积，保证冰面干净，然后使用冰钻等工具进行钻冰采样。针对冰层薄、无法冰上作业的，可使用铁锤等硬物破冰。

③ 钻冰取样时，应采取措施避免采样器污染水样，影响样品代表性。

2.4.1.8.3　采样

① 对于冰层较薄的断面，破冰后，水深满足正常采样条件，可进行采样，否则应更换破冰位置。

② 对于冰层较厚的断面，破冰后，水流上涌明显，可进行采样，否则应更换破冰位置。破冰后，立即观察上涌水性状，若发现水样有异色、异味、油膜等异常情况，须在附近适宜位置重新破冰，对比后判断点位是否有代表性。

③ 若多次破冰后，只有个别破冰点有水，其他破冰点无水，则不应采样，该断面按断流处理，通过手机拍照，做好记录并上传 APP。

④ 破冰作业和采样过程中应避免搅动起底泥，若搅动起底泥且短时间内无法自然

沉降的，应重新选择合适位置破冰采样。

⑤冰封时，应破冰后采集冰下水样，不可采集冰面上积水。

2.4.2　样品运输

2.4.2.1　车辆故障

样品运输过程中遇到突发车辆故障时，应将人员和样品安全摆在首位，立即停止运输，联系救援，及时将车辆转移至修理厂维修。

发生此种情况时，运输人员应立即通知收样测站，让对方知晓情况，并告知解决方案。同时，采样单位应尽快协调其他运输车辆及时转移样品，按时送达收样监测站。

2.4.2.2　交通堵塞

样品运输车辆突遇城市交通堵塞时，运输人员应第一时间通知收样监测站，讲明现场情况，预估推迟时间；若影响样品时效性，应灵活应对，如卸下样品箱，变更路线，用出租车将样品送至收样监测站。

样品运输车辆突遇高速公路堵塞时，应以安全为重，耐心等待。若超过18 h送样时限，需要重新采样。

2.4.2.3　样品瓶破裂

样品运输过程中若发现样品瓶破裂，运输人员应第一时间联系采样单位负责人和相关采样小组，立即重新采样。

第三章 —— 采样前的准备

采样单位收到"系统"下达的采样任务后，需 48 h 内在"系统"内完成当月的采样实施计划。实施计划应包括断面采样负责人、采样人员联系方式、采样时间、接驳点位置等信息。采样前，采样组长应及时下载打印采样计划和二维码标签，并根据计划做好采样的前期准备工作。

3.1 项目人员

3.1.1 持证上岗

现场采样人员须通过监测总站的上岗证合格考试，持证上岗。这就要求采样人员熟练掌握现场采样技术要点、现场监测项目所需仪器的校准和使用、采样全过程的质量控制和质量保证等。

采样现场采样人员须统一佩戴上岗证。

3.1.1.1 新进人员要求

新进人员需经过工作思想培训、理论知识培训、现场操作培训后考核合格方可上岗。其中工作思想培训需贯穿于整个项目工作过程中，理论知识培训需由浅入深开展，前期可进行样品瓶清洗流程、样品瓶类别认识、固定剂添加种类识别、虹吸分装注意事项等理论培训。掌握理论知识后，结合现场操作情况进行专项培训。在对新进人员的现场操作进行培训时，如果不能及时找到安全且方便到达的河流开展现场实操，建议在室内进行模拟。例如，在公司内部用静置水桶装入自来水后，进行专项虹吸分装培训、水样离心培训、水样抽滤培训、添加固定剂培训、样品瓶贴标签等专项培训。新进人员技术熟练后，可将采样工具带至一个安全且容易到达的户外场所进行现场全程模拟。

新进人员对项目的政治高度认知需要一个过程，建议由经验丰富的采样人员和新进人员组成一组，以老带新，紧抓细节。经过 2~3 个月的锻炼，新进人员从思想上、技术上均能满足采测分离采样人员的要求后，可过渡为正式采样人员。

3.1.1.2 经验丰富人员要求

经验丰富的采样人员更要重视采测分离工作，提高政治思想占位，避免懈怠心理，在采样过程中灵活应用理论知识、积极总结采样经验，做到"知其然知其所以然"，切实提高采样质量。

3.1.2　分组实施

由于采测分离工作覆盖全国的国控断面，地域广、任务重、每月工作时间集中，要求采样单位配备几十名采样人员和运输人员，这对采样单位的管理工作形成挑战，故建议将采样人员、运输人员分成小队，小队再细化成各个小组，建立项目部交流群、各队交流群，工作过程中各小组及时把问题反馈给队长，各队队长及时整理本队实施过程中的经验和问题等，在各采样队间进行实时交流，并及时向项目部汇报。每日形成工作总结并对次日工作的开展进行指导。分组实施示例见图3-1。

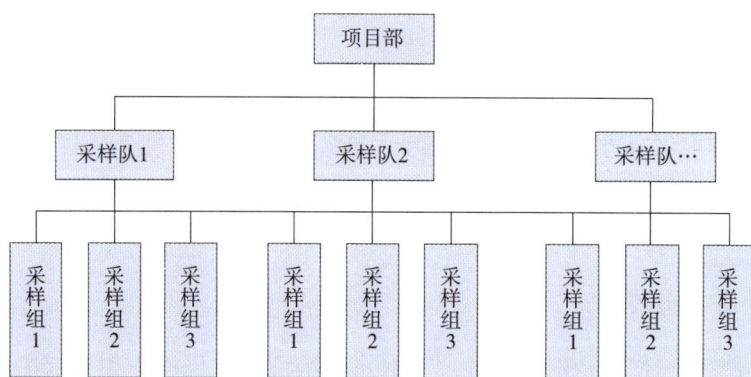

图3-1　分组实施示例

3.1.3　总结交流

每月采样任务完成后，采样单位应召开工作总结会议。对本月采样过程、运输过程中遇到的问题进行统一梳理、调查、改进，各组之间进行工作交流，形成月度工作总结报告，做到"问题均反馈、经验全共享、问题零遗留"。

3.2　试剂耗材

3.2.1　基本要求

3.2.1.1　采购

采样单位应对供货商进行供应品、供应商评价并建立"合格供应商名册"（见表3-1），验收合格后纳入合格供应商管理系统。建议多渠道采购后要统一进行验收，应选择验收试验中空白值相对较低的供应商（见表 3-2）。

表 3-1　合格供应商名册

序号	供应商	供应物品（服务）名称	资质有效期	联系人	联系电话	首次供应日期	评价表编号

表 3-2　供应品、供应商评价表

供应商名称		主要服务及供应品名称	
地址		联系电话	
质量与价格	货源是否稳定： 供货质量是否符合要求： 包装、运输质量是否符合要求： 各项技术指标是否符合标准要求： 价格是否合理： 其他：＿＿＿＿＿＿＿＿＿＿＿＿	是□　否□ 是□　否□ 是□　否□ 是□　否□ 是□　否□	
服务与信誉	是否服务热情，按时按量交货： 是否及时收集意见和建议： 售后服务是否及时有效： 其他：＿＿＿＿＿＿＿＿＿＿＿＿	是□　否□ 是□　否□ 是□　否□	
履约能力	交付进度、履约能力是否符合要求： 其他：＿＿＿＿＿＿＿＿＿＿＿＿	是□　否□	
具有资质	是否有企业法人营业执照： 是否有组织机构代码证： 是否有税务登记证： 生产或经营范围是否符合要求： 其他：＿＿＿＿＿＿＿＿＿＿＿＿	是□　否□ 是□　否□ 是□　否□ 是□　否□	
评价意见	经评价，同意□　不同意□　将该供应商作为合格供应品供应商。 参与评价人员：＿＿＿＿＿＿＿＿＿＿　日期：＿＿＿＿＿＿＿＿＿		

3.2.1.2　样品瓶

样品瓶包括硬质玻璃瓶（透明和棕色）和聚乙烯瓶（白色和棕色），规格包括 250 ml、500 ml 和 1 000 ml。各监测项目的样品瓶配置按照表 3-3 准备。

表 3-3　各监测项目样品瓶组合及样品瓶种类、避光和容积要求

序号	监测指标	样品瓶种类及说明	是否避光	洗涤方式	采样体积/ml	固定剂	加入方式及理论加入量
G1	高锰酸盐指数、化学需氧量、氨氮、总氮	棕色 G	是	I	1 000	浓硫酸	加入 0.5 ml 浓硫酸，调节样品 pH ≤2
G2	挥发酚	白色 G（套锡纸/黑塑料袋）	是	I	1 000	浓磷酸、固体硫酸铜	加入 0.5 ml 浓磷酸，调节样品 pH 约为 4；同时加入 1 g 硫酸铜，使样品中硫酸铜质量浓度约为 1 g/L
G3	石油类	棕 G	是	II	1 000	浓盐酸	采样量为 500~750 ml，加入 1.0 ml 浓盐酸，调节样品 pH ≤2
G4	总磷	G	否	IV	1 000	—	—
G5	五日生化需氧量	棕色 G（实心塞）	是	I	1 000	—	—
G6	硫化物	棕色 G（实心塞）	是	I	250	40 g/L 氢氧化钠、乙酸锌-乙酸钠溶液（50~12.5 g 溶于 1 L 水中）	加入 0.5 ml 的乙酸锌-乙酸钠溶液（50 g 乙酸锌和 12.5 g 乙酸钠溶于 1 L 水中），0.25 ml 氢氧化钠（40 g/L）
G7	六价铬	G	否	III	250	4 g/L 氢氧化钠	pH 为 6.0~7.0 时，添加 1.5 ml；pH 为 7.0~7.5 时，添加 0.75 ml；pH 在 7.5 以上可不添加
G8	阴离子表面活性剂	G	否	VI	250	—	—
G9	叶绿素 a	棕色 G	是	I	500	1% 碳酸镁悬浊液	加入 0.5 ml 的 1% 碳酸镁悬浊液

续表

序号	监测指标	样品瓶种类及说明	是否避光	洗涤方式	采样体积/ml	固定剂	加入方式及理论加入量
G10	硝酸盐氮、亚硝酸盐氮	棕色 G	是	Ⅰ	500	—	—
G11	氰化物	P	否	Ⅰ	1 000	固体氢氧化钠	加入 0.5~1.0 g 氢氧化钠，调节样品 pH 大于 12
G12	砷、硒、汞	P	否	Ⅲ	500	浓盐酸	加入 2.5 ml 浓盐酸
G13	铜、锌、铅、镉	P	否	Ⅴ	250	浓硝酸	加入 2.5 ml 浓硝酸，使硝酸含量达 1%
G14	氟化物	P（套锡纸/黑色塑料袋或棕色 P）	是	Ⅰ	250	—	—

注：① 表中 G 表示透明硬质玻璃瓶，P 表示白色聚乙烯瓶；
　　② 表中所有样品瓶均应按 0~5℃冷藏运输；
　　③ 理论加入量为水样 pH 为 7.0 左右时，推荐固定剂加入量，实际添加量以现场情况为准，避免固定剂过量加入；
　　④ 全程序空白和外部平行样品瓶规格参照上述规格要求；
　　⑤ 固定剂要保证全程序空白质控要求；
　　⑥ 五日生化需氧量、硫化物水封时要求无气泡；
　　⑦ BOD$_5$、石油类、叶绿素 a 样品瓶不能润洗；
　　⑧ 石油类、叶绿素 a 须单独直接采样；
　　⑨《水质　石油类的测定　紫外分光光度法（试行）》（HJ 970—2018）中石油类样品分析量为 500 ml。

　　样品瓶数量按照采样点进行统计（采样点根据断面需采集的垂线数和垂线数上的采样点数统计），同时根据系统任务安排准备足量的用于盛放全程序空白样和平行样的样品瓶。

　　样品瓶使用前，首先应按照《国家地表水环境质量监测网采测分离技术导则 - 采样技术导则》第五章第二节中"洗涤剂的配制"配制相应的洗涤剂，配制完毕后按照第三节中"采样容器的清洗"，对样品瓶的洗涤方式进行洗涤（见表 3-4）、干燥，并填写清洗原始记录。清洗后的样品瓶内壁不应附着油污和不溶物（见图 3-2），可以被水完全润湿，器壁上留有一层薄而均匀的水膜而不挂水珠，同一批次清洗的样品瓶经抽检合格后方可投入使用。采样前应保持样品瓶内干燥、瓶身无沾污（见图 3-3）。

表3-4　样品瓶洗涤方式

洗涤方式	铬酸洗液	洗涤剂	自来水	蒸馏水	"1+3"硝酸	"1+1"硝酸	甲醇	自来水	蒸馏水	去离子水
Ⅰ		1次	3~5次	1次						
Ⅱ		1次	2~3次		1次			3次	1次	
Ⅲ		1次	2~3次		浸泡24 h以上			3次		1次
Ⅳ	1次		3次	1次						
Ⅴ		1次	2~3次			浸泡24 h以上		3次		1次
Ⅵ	1次						荡洗1 min	3次	1次	

注：蒸馏水与去离子水定义详见《水和废水监测分析方法（第四版增补版）》"第二篇质量管理与质量保证　第四章实验室纯水的制备　四、纯水的制备"。目前实际操作用水均使用二级水。

图3-2　清洗后的采样瓶

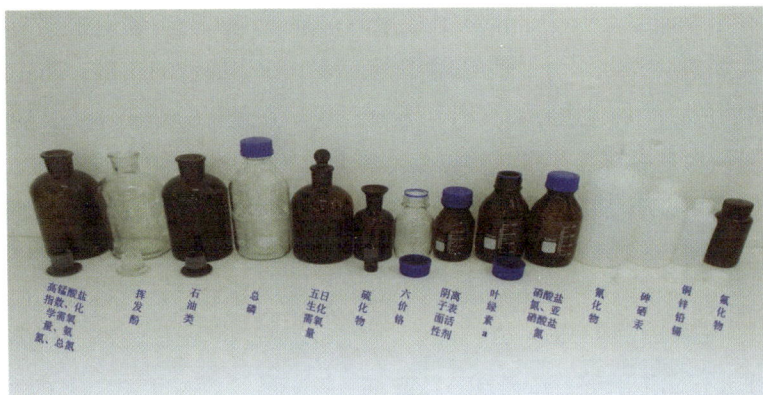

图 3-3 样品瓶瓶组

3.2.1.3 实验室纯水

纯水作为开展分析工作的必要条件之一，应在独立的制水间制备（见图 3-4）。纯水机房间应无污染、无干扰，不得储存酸、碱等试剂，不得将纯水机安装在化学分析实验室内。

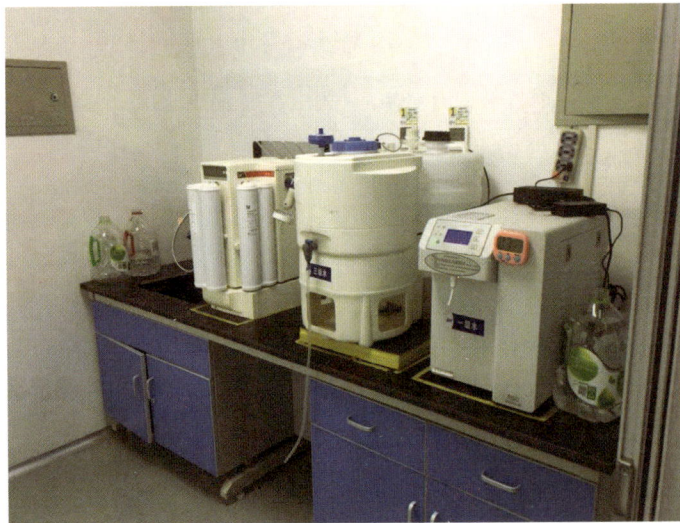

图 3-4 纯水间

实验室需配备可制备一级水的纯水机，建议配备"采测分离项目"专用的纯水机，出水标准至少为二级纯水。一级水适用于灵敏度的高仪器的分析试验，包括电感耦合等离子体质谱法分析用水等；二级水适用于一般仪器的分析试验，如原子吸收光谱分析用水。

容器、空气和管路都会对纯水质量带来一定的影响，所以必须重视纯水的贮存条件，防止因纯水暴露于空气中而溶入其他杂质。盛装纯水的容器应根据纯水用途适当选择，减少变质机会（纯水分装宜选用小桶，减少打开桶盖的次数，防止纯水在使用过程中的二次污染），并应注意贮存时间不宜过长。在进行分析测试前，应先进行空白试验，以检验纯水是否符合要求。建议使用密闭、专用聚乙烯容器，外观做好"纯水"标识。新容器需用20%盐酸溶液浸泡2～3天，用纯水反复冲洗，并注满纯水浸泡6 h以上，再投入使用。

3.2.1.4　固定剂

固定剂主要包括浓硫酸、浓硝酸、浓盐酸、浓磷酸、氢氧化钠、硫酸铜、乙酸锌乙酸钠溶液、碳酸镁悬浊液。各项目所需固定剂种类、储存容器及配制浓度见表3-3。固定剂除叶绿素 a 使用的碳酸镁可以使用分析纯以外，其他均需选用优级纯及以上纯度。

固定剂按照各个参数要求的浓度配制，每次准备固定剂时，需填写表3-5，原始记录须定期归档备查。准备好的固定剂（包括刚开封分装的浓酸），均应做好试剂标识、贴好标签，标明固定剂名称、浓度（重量）、配制日期、配制人、固定剂有效日期等信息，浓酸、固体固定剂的分装日期即为配制日期。同一批次的固定剂经验收合格后方可投入使用。

表 3-5　固定剂准备情况记录表

序号	日期	配制人	试剂名称	移取量/ml或称取量/mg	定容体积/ml	浓度	适用项目
1							
2							

采样单位需配备具有防震功能的固定剂箱，箱体内部需配备存放固定剂的模具，防止在运输过程中固定剂瓶相互碰撞，导致破碎，可根据需要自行设计或购买成品，不能将固定剂随意放置在纸板箱或水桶内，以防沾污和意外；固体固定剂硫酸铜、氢氧化钠应使用一次性离心管密封放置，以防止运输过程中破损、撒出，同时还能确保加入固定剂时不会飘散导致污染样品；固定剂要用小瓶分装，防止互相污染。

3.2.1.5　其他试剂耗材

其他在采样中使用的耗材的具体明细和要求见表3-6，全体物资图见图3-5，每组配备物资清单图见图3-6。采样公司根据断面数量提前准备足量的试剂耗材。

添加固定剂时使用的耗材遵循"一剂一管，一用一弃"的原则，不得重复使用。使用完的一次性滴管或一次性移液管应统一收集，送回实验室后按危险废物处理流程统一处理。

表 3-6　试剂耗材明细单（仅供参考）

序号	类别	名称	用途	要求
1	纯水	纯水机	实验用水	出水最少为二级水质
2		纯水桶	储存实验用水	干净无污染、容量不宜过大
3	固定剂	玻璃容器	分装固定剂	符合规范要求
4		棕色带滴管试剂瓶	分装液体固定剂（除氢氧化钠）	无其他污染，专用
5		白色聚乙烯瓶	分装氢氧化钠固定剂	无其他污染，专用
6		PP 粉末分装瓶和塑料直筒 24 格药盒	分装固体固定剂	氢氧化钠和硫酸铜每瓶各装 0.5 g
7		固定剂箱	放置固定剂	防震、防腐
8		气泡袋	包裹玻璃瓶，防止破碎	—
9		黑色塑料袋	包裹样品瓶，达到避光效果	—
10		锡箔纸	包裹样品瓶，达到避光效果	—
11	防护用品	医药箱（汞溴红溶液、碘伏消毒棉球、双氧水、云南白药、医用酒精、止血贴、医用脱脂棉、医用纱布、纱布绷带、医用棉签、医用手套、医用剪刀、医用镊子、医用胶带、风油精、清凉油、烫伤膏、人丹、藿香正气液、急救手册）	处理意外事故	药品在保质期内
12		采样服	采样	统一着装
13		安全帽	采样过程中保护头部	必备
14		安全带	安全防护	必备
15		救生衣	防止溺水	必备
16		反光路障锥	保障公路采样安全	必备
17		反光背心	保障夜间作业安全	必备
18		棉布手套	防止手指磨损、防止触电	—
19		橡胶手套	防止手指磨损	—
20		一次性手套	现场采样操作	—
21	现场采样非技术类	平板推车	运输装置	—
22		笔记本电脑	上传视频录像	—
23		亚银纸打印机	打印二维码	—

序号	类别	名称	用途	要求
24	现场采样非技术类	亚银纸	打印二维码用纸	—
25		手动五金工具套装木工电动工具箱	现场特殊状况	—
26		胶带	固定封条，防水	—
27		硅胶管	用于样品、空白的分装，不混用	—
28		签字笔	填写原始记录	黑色
29		记号笔	做标识	防水
30		塑料写字垫板夹	写字垫板	—
31		自封袋	采样物品分类整理	—
32		滤纸	过滤	—
33		封条	样品保温箱密封	易碎纸
34		过塑机	过塑 A4 大小的标识牌	—
35	现场监测	GPS 定位仪	GPS 定位	—
36		执法记录仪	采样全程录像	保证内存和清晰度
37		风速温湿度计	测量采样现场风速、温湿度	—
38		安卓手机	拍照、上传 APP	保证网速
39		铅锤 + 卷尺	测水深	卷尺须通过计量
40		手持式测深仪	测水深，测量范围为 0.6~79 m	须通过计量
41		多功能激光测角测距仪	测距，测量范围为 5 ~ 600 m	须通过计量
42		塞氏盘	测透明度	须通过计量
43		笔式盐度计	盐度测量，测量范围为 0.00 ~ 80.00 ppt，精度为 ±1% F.S	须通过计量
44		表层水温计	测水温，测量范围为 −6 ~ 40℃，精度为 0.2℃	须通过计量
45		深水水温计	测水温，测量范围为 −6 ~ 40℃，精度为 0.2℃	须通过计量
46		溶解氧仪	测 DO，精度为 0.01 mg/L	须通过计量
47		便携式 pH 计	测 pH，精度为 0.01	须通过计量
48		便携式电导率仪	测电导率，测量范围为 0.000 ~ 199.9 mS/cm，精度为 0.001 μS/cm	须通过计量
49		便携式浊度计	测浊度	须通过计量

序号	类别	名称	用途	要求
50		采水器	采集地表水	不易破损
51		颠倒式采水器	采集地表水	不易破损
52		沉降桶＋现场监测桶＋废液桶	沉降水样＋现场6项监测＋收集废弃物	40 L 以上容量
53		计时器	沉降水样倒计时	—
54		洗瓶	装纯水，润洗仪器	—
55		虹吸装置（吸耳球＋硅胶管）	虹吸水样	硅胶管
56		虹吸管	虹吸水样	硅胶管
57		伸缩杆＋水勺	采水深太浅的水样	—
58		手持式水质采样器	采没有桥的水样	—
59		便携式水质采样器	采没有桥的水样	—
60		绞车	采较深的水样	—
61		破冰器	破冰	—
62		便携式交直流电源	移动供电	—
63	现场采样	63 μm 过滤筛（网）	用于自然沉降30 min后，仍然存在大量沉降性固体及藻类的湖库、河流水体样品采集	—
64		离心机	水样太浑时需要离心	—
65		玻璃三通管	采集平行样	—
66		抽滤装置	采集可溶性重金属样品需要过滤	能达到 4 000 r/min
67		0.45 μm 水系滤膜	采集可溶性重金属样品需要过滤	—
68		塑料镊子	夹滤膜	—
69		实验室用封口膜	样品瓶封口	—
70		便携式抽滤器	采可溶性重金属需要过滤	—
71		石油类采样器	石油类采样	—
72		玻璃棒	蘸取水样测 pH	—
73		pH 试纸	添加固定剂后测定水样 pH	—
74		一次性滴管	滴定液体固定剂	无污染
75		塑料药匙	添加固体固定剂	无污染
76		车载冰箱	保证样品温度为 0～5℃	容量足够大
77		温度记录仪	实时记录车载冰箱温度	须通过计量
78	车辆	采样车、冷藏车	保障样品运输温度	—

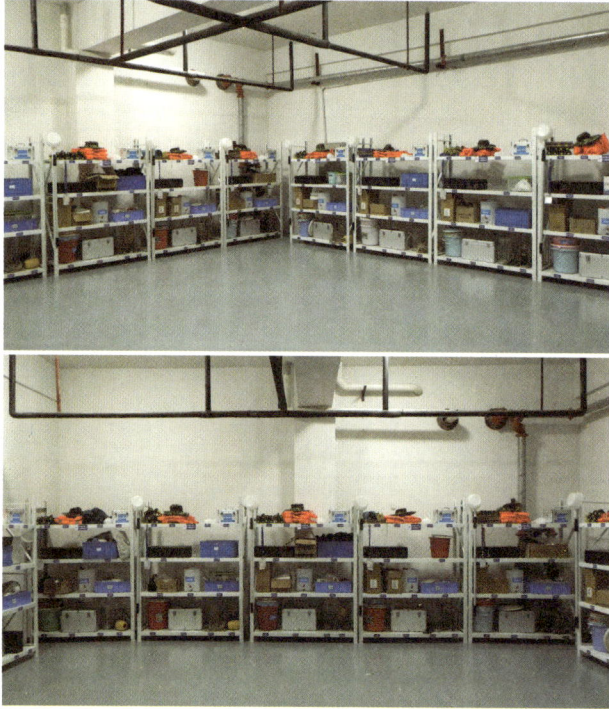

图 3-5　全体物资图

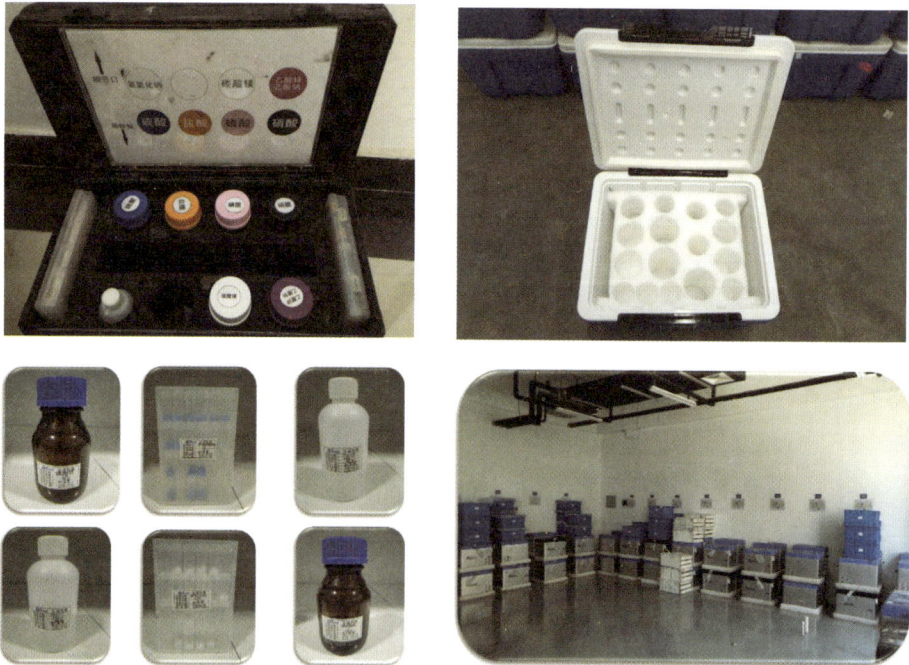

图 3-6　每组配备物资清单图

3.2.2　抽检要求

3.2.2.1　纯水

检验频率：每次采样前，准备纯水时，必须检验一次。

通用检验项目：电导率、可氧化物质含量、吸光度。

检验标准：依据《分析实验室用水规格和试验方法》（GB/T 6682—2008），达到表 3-7 的要求。

表 3-7　纯水质量要求

项目名称	限值
电导率（25℃）/（mS/m）	≤0.10
可氧化物质（以 O 计）/（mg/L）	≤0.08
吸光度（254 nm，1 cm 光程）	≤0.01

检验方法：

①电导率：配备具有温度自动补偿功能的电导率仪，电导池电极常数为 0.1～1 cm^{-1}。取 400 ml 待测纯水于锥形瓶中，将电导率仪探头插入水中进行检测，记录测得的电导率值。

②可氧化物质：量取 1 000 ml 纯水，注入烧杯中，加入 5.0 ml 硫酸溶液（20%），混匀后加入 1.00 ml 高锰酸钾溶液 [C（1/5KMnO$_4$）=0.01 mol/L]，混匀，盖上表面皿，加热至沸并保持 5 min，溶液的粉红色不得完全消失。

③吸光度：选取 1 cm 和 2 cm 的石英比色皿各一个，注入待测纯水，在紫外分光光度计上，于波长 254 nm 处，以 1 cm 比色皿中水样为参比，测定 2 cm 比色皿中水样的吸光度。

注意事项：检验纯水所用仪器设备均应经过检定或校准。检验时及时填写表 3-8，原始记录须定期归档备查。

表 3-8　纯水检验情况记录表

序号	检验日期	检验结果			是否合格	检验人员
		电导率（25℃）/（mS/m）	可氧化物质（以氧计）/（mg/L）	吸光度（254 nm，1 cm）		
1						
2						

3.2.2.2　耗材

3.2.2.2.1　样品瓶的检验

需要添加固定剂的项目所用样品瓶的检验见本章"2.2.3 固定剂"，本节规定不需添加固定剂的项目样品瓶的检验。样品瓶抽检比例为 1%。样品标签示例见表 3-9。

表 3-9　样品标签示例

样品标签			
样品编号			生效日期
样品类型		日期	
检测项目			
检测状态	□待检 □在检 □已检		

3.2.2.2.2　不需添加固定剂项目样品瓶的检验

（1）总磷项目样品瓶的检验

向 1 000 ml 玻璃瓶中加入约 1 000 ml 纯水，于水平振荡器上振荡 5 h。

按照检测标准 GB 11893 中相关要求进行总磷（检出限为 0.01 mg/L）项目的检测。要求检测结果小于方法检出限。

若检测结果大于等于方法检出限，重新选取确保清洗干净的样品瓶，重复以上步骤进行检测，以排除样品瓶沾污的可能。

若检测结果仍大于等于方法检出限，根据上述步骤可判断非样品瓶沾污所致，则更换纯水水源进行检测，以排除纯水污染的可能。

若检测结果仍大于等于方法检出限，则需要检查检测过程是否有污染导致检测结果有误。

（2）五日生化需氧量项目样品瓶的检验

向 1 L 棕色磨口实心塞玻璃瓶中加入纯水至溢出水样瓶的 1/3，盖上瓶塞后不留气泡。

按照检测标准 HJ 505 中相关要求进行五日生化需氧量（检出限为 0.5 mg/L）项目的检测。要求检测结果小于方法检出限。

（3）阴离子表面活性剂项目样品瓶的检验

向 250 ml 玻璃瓶中加入约 250 ml 纯水，于水平振荡器上振荡 5 h。

按照检测标准 GB 7494 中相关要求进行阴离子表面活性剂（检出限为 0.05 mg/L）项目的检测。要求检测结果小于方法检出限。

（4）氟化物项目样品瓶的检验

向 250 ml 塑料瓶中加入约 250 ml 纯水，于水平振荡器上振荡 5 h。

按照检测标准 HJ 84（检出限为 0.006 mg/L）或 GB 7484（检出限为 0.05 mg/L）中相关要求进行氟化物项目的检测。要求检测结果小于方法检出限。

（5）亚硝酸盐氮、硝酸盐氮项目样品瓶的检验

向 500 ml 玻璃瓶中加入约 500 ml 纯水，于水平振荡器上振荡 5 h。

按照 HJ 84 进行亚硝酸盐氮（检出限为 0.016 mg/L）和硝酸盐氮（检出限为 0.016 mg/L）项目的检测；或按照检测标准 GB 7493 中相关要求进行亚硝酸盐氮（检出限为 0.001 mg/L）项目的检测，按照 HJ/T 346 中相关要求进行硝酸盐氮（检出限为 0.08 mg/L）项目的检测。要求检测结果小于方法检出限。

对于五日生化需氧量、阴离子表面活性剂、氟化物等项目，若检测结果大于等于方法检出限，可参照总磷固定剂的相关检验要求执行。

3.2.2.2.3　滤膜的检验

使纯水通过装有 0.45 μm 滤膜的抽滤装置（滤膜预先用纯水润洗抽滤 3 次），接取抽滤后的纯水 250 ml，混匀。

按照《水和废水监测分析方法（第四版增补版）》第三篇第四章第七条第（四）个方法——石墨炉原子吸收法中相关要求进行铜（检出限为 0.001 mg/L）、铅（检出限为 0.001 mg/L）、镉（检出限为 0.0001 mg/L）项目的检测，按照检测标准 GB 7475 中相关要求进行锌（检出限为 0.05 mg/L）的检测；或按照检测标准 HJ 700 中相关要求进行铜（检出限为 0.08 μg/L）、锌（检出限为 0.67 μg/L）、铅（检出限为 0.09 μg/L）、镉（检出限为 0.05 μg/L）项目的检测，样品检测结果应小于方法检出限。

若样品检测结果大于等于方法检出限，并测定过滤前的纯水，当监测结果显示为未检出时，则表明滤膜有污染。

3.2.2.2.4　一次性滴管的检验

一次性滴管的检验，按照本章"2.2.3 固定剂"有关要求进行。

填写表 3-10，原始记录需定期归档备查。

表 3-10　样品瓶空白本底测试抽测记录

抽测项目/批次	分析人员	分析时间	样品瓶数量/个	抽测数量/个	抽测结果	是否合格	备注

3.2.2.3　固定剂

3.2.2.3.1　试剂的到货检验

除碳酸镁外，所有采测分离监测的试剂均应为优级纯以上。到货检验时，需对所购试剂的外观、包装、规格、生产日期以及提供的证书或其他证明文件进行检查。按照各试剂的用途，抽查与采测分离项目相关的杂质含量，每批试剂至少抽检一瓶。抽检符合要求后，方可用于分装和配制固定剂。

3.2.2.3.2　固定剂（分装或配制）的检验

（1）抽检要求

抽检应覆盖固定剂添加的所有分析项目，所有分装后的固定剂均需检验。

采测分离监测结束后，需对剩余的固定剂再次进行检验，以判断在监测过程中是否引入污染。

（2）固定剂检验方法

取两份纯水样品于相应的样品瓶中，用一次性滴管加入规定量的固定剂，然后按照固定剂对应项目的检测方法，测定水样浓度。如检测结果小于方法检出限，则该瓶固定剂及一次性滴管合格；否则，应逐一排查原因，通过更换或不用某种试剂、耗材确认污染源。

（3）氨氮、高锰酸盐指数、化学需氧量、总氮项目固定剂的检验

分别向两个 1 L 棕色玻璃瓶中加入约 1 L 纯水，再加入 0.5 ml 浓硫酸，混匀，于水平振荡器上振荡 5 h。

按照检测标准 HJ 535、GB 11892、HJ 828、HJ 636 中相关要求进行氨氮（检出限为 0.025 mg/L）、高锰酸盐指数（检出限为 0.5 mg/L）、化学需氧量（检出限为 4 mg/L）和总氮（检出限为 0.05 mg/L）项目的检测。两个样品检测结果均应小于方法检出限。

若两个样品检测结果一个大于等于方法检出限，一个小于方法检出限，则重复以上步骤进行检测，以排除检测失误和样品瓶的沾污。

若两个样品检测结果均大于等于方法检出限，则不加固定剂重复以上步骤，若检测结果均小于方法检出限，则判定固定剂或一次性滴管有问题，需更换固定剂或改用其他滴加方式加入固定剂重新检验。

若不加固定剂检测结果仍大于等于方法检出限，则更换纯水、样品瓶重复以上步骤，以排除纯水、样品瓶的污染。

若两个检测结果仍大于等于方法检出限，则需要检查检测过程是否有污染导致检测结果有误。

（4）铜、锌、铅、镉项目固定剂的检验

分别向两个 250 ml 塑料瓶中加入约 250 ml 纯水，再加入 2.5 ml 浓硝酸，混匀，于水平振荡器上振荡 5 h。

按照《水和废水监测分析方法（第四版增补版）》第三篇第四章第七条第（四）个方法——石墨炉原子吸收法中相关要求进行铜（检出限为 0.001 mg/L）、铅（检出限为 0.001 mg/L）、镉（检出限为 0.000 1 mg/L）项目的检测，按照检测标准 GB 7475 中相关要求进行锌（检出限为 0.05 mg/L）的检测；或按照检测标准 HJ 700 中相关要求进行铜（检出限为 0.08 μg/L）、锌（检出限为 0.67 μg/L）、铅（检出限为 0.09 μg/L）、镉（检出限为 0.05 μg/L）项目的检测，两个样品检测结果均应小于方法检出限。

（5）石油类项目固定剂的检验

分别向两个 1 L 玻璃瓶中加入约 1 L 纯水，再加入 1.0 ml 浓盐酸，混匀，于水平振荡器上振荡 5 h。

按照检测标准 HJ 970 中相关要求进行石油类（检出限为 0.01 mg/L）项目的检测。两个样品检测结果均应小于方法检出限。

（6）砷、汞、硒项目固定剂及耗材的检验

分别向两个 500 ml 塑料瓶中加入约 500 ml 纯水，再加入 2.5 ml 浓盐酸，混匀，于水平振荡器上振荡 5 h。

按照检测标准 HJ 694 中相关要求进行砷（检出限为 0.3 μg/L）、汞（检出限为 0.04 μg/L）、硒（检出限为 0.4 μg/L）项目的检测；或按照 HJ 597 中相关要求进行汞（检出限为 0.01 μg/L）的检测，或按照 HJ 700 中相关要求进行砷（检出限为 0.12 μg/L）、硒（检出限为 0.41 μg/L）的检测。两个样品检测结果均应小于方法检出限。

（7）挥发酚项目固定剂的检验

分别向两个 1 000 ml 棕色玻璃瓶中加入约 1 000 ml 纯水，加入磷酸调节至 pH 约为 4，再加入约 1 g 硫酸铜，混匀，于水平振荡器上振荡 5 h。

按照检测标准 HJ 503 中相关要求进行挥发酚（检出限为 0.000 3 mg/L）项目的检测。两个样品检测结果均应小于方法检出限。

若两个样品检测结果一个大于等于方法检出限，一个小于方法检出限，则重复以上步骤进行检测，以排除检测失误和样品瓶的沾污。

若两个样品检测结果均大于等于方法检出限，则只加入固定剂磷酸，其他步骤不变进行检测，若检测结果仍大于等于检出限，则判定为磷酸的污染；若检测结果小于检出限，则只加入固定剂硫酸铜，其他步骤不变进行检测，若检测结果大于等于检出限，则判定为硫酸铜的污染；若两种固定剂都不添加，检测结果仍大于等于检出限，则更换纯水、样品瓶重复以上步骤，以排除纯水、样品瓶污染的可能。

若两个检测结果仍大于等于方法检出限，则需要检查检测过程是否有污染导致检测结果有误。

（8）氰化物项目固定剂的检验

分别向两个 1 000 ml 塑料瓶中加入约 1 000 ml 纯水，再加入约 0.5 g 颗粒状固体氢氧化钠，调节至 pH 大于 12，于水平振荡器上振荡 5 h。

按照检测标准 HJ 484 中相关要求进行氰化物（异烟酸 – 吡唑啉酮法检出限为 0.004 mg/L，异烟酸 – 巴比妥酸法检出限为 0.001 mg/L）项目的检测。两个样品检测结果均应小于方法检出限。

（9）六价铬项目固定剂的检验

分别向两个 250 ml 玻璃瓶中加入约 250 ml 纯水，用氢氧化钠溶液（40 g/L）调节至 pH 约为 8，于水平振荡器上振荡 5 h。

按照检测标准 GB 7467 中相关要求进行六价铬（检出限为 0.004 mg/L）项目的检测。两个样品检测结果均应小于方法检出限。

（10）硫化物项目固定剂的检验

分别向两个 250 ml 棕色玻璃瓶中加入 0.5 ml 乙酸锌 – 乙酸钠溶液，再向样品瓶中加入纯水至将满，再加入 0.25 ml 氢氧化钠溶液（40 g/L），继续添加纯水，盖上瓶塞不留气泡，混匀。

按照检测标准 GB 16489 中相关要求进行硫化物（检出限为 0.005 mg/L）项目的检测。两个样品检测结果均应小于方法检出限。

若两个样品检测结果一个大于等于方法检出限，一个小于方法检出限，则重复以上步骤进行检测，以排除检测失误和样品瓶沾污的可能。

若两个样品检测结果均大于等于方法检出限，则只加入固定剂乙酸锌 – 乙酸钠溶液，其他步骤不变进行检测，若检测结果仍大于等于检出限，则判定为乙酸锌 – 乙酸钠的污染；若检测结果小于检出限，则只加入固定剂氢氧化钠溶液，其他步骤不变进行检测，若检测结果大于等于检出限，则判定为氢氧化钠的污染；若两种固定剂都不添加，检测结果仍大于等于检出限，则更换纯水、样品瓶重复以上步骤，以排除纯水、样品瓶污染的可能。

若两个检测结果仍大于等于方法检出限，则需要检查检测过程是否有污染导致检测结果有误。

（11）叶绿素 a 项目固定剂及耗材的检验

用排空法分别向两个 500 ml 棕色玻璃瓶中加入约 500 ml 纯水，再加入 0.5 ml 浓度为 1% 的碳酸镁悬浊液，混匀，于水平振荡器上振荡 5 h。

按照检测标准 HJ 897 中相关要求进行叶绿素 a（检出限为 2 μg/L）项目的检测。

两个样品检测结果均应小于方法检出限。

对于铜、锌、铅、镉、砷、汞、硒、氰化物、石油类、六价铬等项目，若两个检测结果不满足均小于方法检出限的要求，可参照氨氮、高锰酸盐指数、化学需氧量、总氮项目固定剂的相关检验要求执行。

监测项目方法检出限见表 3-11。

表 3-11　监测项目方法检出限

分析项目	分析标准	分析方法	方法检出限
高锰酸盐指数	《水质　高锰酸盐指数的测定》（GB/T 11892—89）	酸性法 / 碱性法	0.5 mg/L
化学需氧量	《水质　化学需氧量的测定　重铬酸盐法》（HJ 828—2017）	重铬酸盐法	4 mg/L
氨氮	《水质　氨氮的测定　纳氏试剂分光光度法》（HJ 535—2009）	纳氏试剂分光光度法	0.025 mg/L
总氮（湖、库，以 N 计）	《水质　总氮的测定　碱性过硫酸钾消解紫外分光光度法》（HJ 636—2012）	碱性过硫酸钾消解紫外分光光度法	0.05 mg/L
挥发酚	《水质　挥发酚的测定　4-氨基安替比林分光光度法》（HJ 503—2009）	4-氨基安替比林萃取分光光度法	0.0003 mg/L
石油类	《水质　石油类的测定　紫外分光光度法（试行）》（HJ 970—2018）	紫外分光光度法	0.01 mg/L
总磷	《水质　总磷的测定　钼酸铵分光光度法》（GB/T 11893—89）	钼酸铵分光光度法	0.01 mg/L
五日生化需氧量	《水质　五日生化需氧量（BOD$_5$）的测定　稀释与接种法》（HJ 505—2009）	稀释接种法	0.5 mg/L
硫化物	《水质　硫化物的测定　亚甲基蓝分光光度法》（GB/T 16489—1996）	亚甲基蓝分光光度法	0.005 mg/L
六价铬	《水质　六价铬的测定　二苯碳酰二肼分光光度法》（GB/T 7467—87）	二苯碳酰二肼分光光度法	0.004 mg/L
阴离子表面活性剂	《水质　阴离子表面活性剂的测定　亚甲蓝分光光度法》（GB/T 7494—87）	亚甲蓝分光光度法	0.05 mg/L
叶绿素 a	《水质　叶绿素 a 的测定　分光光度法》（HJ 897—2017）	分光光度法	2 μg/L

续表

分析项目	分析标准	分析方法	方法检出限
硝酸盐	《水质　无机阴离子（F^-、Cl^-、NO_2^-、Br^-、NO_3^-、PO_4^{3-}、SO_3^{2-}、SO_4^{2-}）的测定　离子色谱法》（HJ 84—2016）	离子色谱法	0.016 mg/L
	《水质　硝酸盐氮的测定　紫外分光光度法（试行）》（HJ/T 346—2007）	紫外分光光度法	0.08 mg/L
亚硝酸盐	《水质　无机阴离子（F^-、Cl^-、NO_2^-、Br^-、NO_3^-、PO_4^{3-}、SO_3^{2-}、SO_4^{2-}）的测定　离子色谱法》（HJ 84—2016）	离子色谱法	0.016 mg/L
	《水质　亚硝酸盐氮的测定　分光光度法》（GB/T 7493—87）	分光光度法	0.003 mg/L
氰化物	《水质　氰化物的测定　容量法和分光光度法》（HJ 484—2009）异烟酸 - 吡唑啉酮分光光度法（方法 2）	异烟酸 - 吡唑啉酮和分光光度法	0.004 mg/L
	《水质　氰化物的测定　容量法和分光光度法》（HJ 484—2009）异烟酸 - 巴比妥酸分光光度法（方法 3）	异烟酸 - 巴比妥酸分光光度法	0.001 mg/L
汞（总量）	《水质　汞、砷、硒、铋和锑的测定　原子荧光法》（HJ 694—2014）	原子荧光法	0.04 μg/L
	《水质　总汞的测定　冷原子吸收分光光度法》（HJ 597—2011）	冷原子吸收法	0.01 μg/L
砷（总量）	《水质　汞、砷、硒、铋和锑的测定　原子荧光法》（HJ 694—2014）	原子荧光法	0.3 μg/L
	《水质　65 种元素的测定　电感耦合等离子体质谱法》（HJ 700—2014）	电感耦合等离子体质谱法	0.12 μg/L
硒（总量）	《水质　汞、砷、硒、铋和锑的测定　原子荧光法》（HJ 694—2014）	原子荧光法	0.41 μg/L
	《水质　65 种元素的测定　电感耦合等离子体质谱法》（HJ 700—2014）	电感耦合等离子体质谱法	0.41 μg/L
铜（可溶态）	《水质　65 种元素的测定　电感耦合等离子体质谱法》（HJ 700—2014）	电感耦合等离子体质谱法	0.08 μg/L
	《水和废水监测分析方法（第四版增补版）》石墨炉原子吸收法（B）3.4.10（5）	石墨炉原子吸收法	0.001 mg/L
	《水质　32 种元素的测定　电感耦合等离子体发射光谱法》（HJ 776—2015）	电感耦合等离子体发射光谱法	0.006 mg/L

续表

分析项目	分析标准	分析方法	方法检出限
铅（可溶态）	《水质 65 种元素的测定 电感耦合等离子体质谱法》（HJ 700—2014）	电感耦合等离子体质谱法	0.09 μg/L
	《水和废水监测分析方法（第四版增补版）》石墨炉原子吸收法（B）3.4.16（5）	石墨炉原子吸收法	0.002 mg/L
锌（可溶态）	《水质 65 种元素的测定 电感耦合等离子体质谱法》（HJ 700—2014）	电感耦合等离子体质谱法	0.7 μg/L
	《水质 铜、锌、铅、镉的测定 原子吸收分光光度法》（GB/T 7475—87）	火焰原子吸收分光光度法	0.05 mg/L
	《水质 32 种元素的测定 电感耦合等离子体发射光谱法》（HJ 776—2015）	电感耦合等离子体发射光谱法	0.004 mg/L
镉（可溶态）	《水质 65 种元素的测定 电感耦合等离子体质谱法》（HJ 700—2014）	电感耦合等离子体质谱法	0.05 μg/L
	《水和废水监测分析方法》（第四版增补版）石墨炉原子吸收法测定镉、铜和铅（B）3.4.7（4）	石墨炉原子吸收法	0.000 1 mg/L

3.2.3 注意事项

每种耗材每批至少抽取 1%（不足 100 个时最少抽测 1 个），检测结果低于方法检出限时，抽检结果为合格。当检测结果高于检出限时，应查找原因，排除每一种固定剂和耗材的影响。

容器、空气和管路都会对纯水质量带来一定的影响，应避免传送、保存、使用中器皿和环境对纯水的污染。应重视纯水的贮存条件，防止暴露在空气中溶入二氧化碳和其他杂质；盛装纯水的容器应根据纯水用途选择，尽量减少变质机会，并应注意贮存时间不宜过长。

固定剂需选用优级纯及以上试剂。准备好的固定剂，包括刚开封分装的浓酸，均应做好试剂标识、贴好标签，标明"固定剂名称、浓度、配制日期、配制人、有效日期"等信息（见表 3-12）。浓酸的分装日期即为配制日期。

环境检测行业发展迅速，更先进的检测方法电感耦合等离子体质谱法逐渐替代原火焰原子吸收分光光度法和石墨炉原子吸收法成为主流检测方法。此方法检出限低，国产优级纯硝酸和二级纯水不足以达到此方法纯度要求，因此采测分离全程序空白建议使用一级超纯水。

表 3-12　溶液标签示例

物质名称：

浓　　度：

介　　质：

配制时间：

配制人员：

有 效 期：

清洗后的样品瓶在干燥后需加盖处理或者于 5 d 内使用，否则样品瓶验收时部分指标会有一定程度的检出，尤其是氨氮和重金属等指标。刚清洗完的样品瓶仍有水珠，会吸附空气中悬浮的颗粒物和气态氨。因未酸化，即使在采样时经过多次荡洗，仍可能会有金属颗粒物附着于样品瓶壁上，在采样完毕加入硝酸固定剂后将会溶解于样品中，导致铜、锌、铅、镉数据出现异常。

图 3-7 为分别加盖放置 10 d、不加盖放置 5 d、不加盖放置 10 d 的重金属样品瓶不经荡洗直接灌装纯水后的检测结果。可看出从第 5 天开始锌元素已经有一定程度的检出，第 10 天时锌元素已经超过了一类水限值的 10%，而加盖后的样品瓶基本没有检出。

	样品名称	Cu 63 (ppb)	Zn 66 (ppb)	Cd 111 (ppb)	In 115 (IS)	Pb 208 (ppb)	Bi 209 (IS)
100	空白溶液				100.0%		100.0%
101	标样 1	1.000	1.000	1.000	105.7%	1.000	113.2%
102	标样 2	5.040	5.049	5.041	109.8%	5.274	102.8%
103	标样 3	9.872	9.587	9.998	113.1%	9.886	102.6%
104	标样 4	19.862	19.672	19.934	117.0%	19.944	101.1%
105	标样 5	50.199	50.250	49.882	116.7%	19.897	100.0%
118	capping	0.049	0.756	0.009	126.1%	0.063	98.0%
119	capping	0.090	1.743	0.024	126.6%	0.124	95.2%
120	capping	0.832	1.851	0.009	124.6%	0.150	94.5%
121	capping	0.397	0.284	0.104	117.8%	0.141	98.2%
122	capping	0.607	0.675	0.051	118.7%	0.127	98.6%
123	capping	0.535	1.582	0.031	111.4%	0.140	97.2%
124	5day	0.870	1.275	0.150	112.2%	0.378	97.9%
125	5day	1.811	2.158	0.034	112.8%	0.136	95.7%
126	5day	1.500	5.575	0.070	115.0%	1.298	94.3%
127	5day	0.405	5.892	1.083	119.9%	1.283	94.7%
128	5day	0.070	0.695	0.068	116.3%	0.069	97.3%
129	5day	0.839	2.472	0.029	118.4%	0.171	96.2%
130	10day	1.993	5.659	1.023	119.6%	1.174	92.5%
131	10day	2.030	5.804	1.046	123.7%	2.157	93.4%
132	10day	2.511	7.478	1.449	116.8%	2.424	93.4%
133	10day	1.992	9.740	1.850	126.2%	2.166	94.0%
134	10day	1.934	6.971	1.219	125.2%	1.166	92.2%
135	10day	1.782	7.664	1.045	124.7%	1.016	94.8%

图 3-7　重金属样品瓶不经荡洗直接灌装纯水后的检测结果

3.3　仪器设备

3.3.1　清单

每次采样前，根据采样计划选取合格的仪器设备（试剂耗材明细单见表3-6）。

3.3.2　用途和要求

3.3.2.1　水温计

用于采测分离中地表水水温的测定。采测分离中使用的水温计分为表层水温计和深水温度计，两种温度计均需经过校准，确认符合要求后方可投入使用，并确保在有效期内使用。

3.3.2.1.1　表层水温计

适用于测水的表层温度。水银温度计安装在特制金属套管内，套管开有可供温度计读数的窗孔，套管上端有一提环，以供系住绳索，套管下端紧悬着一只有孔的盛水金属圆筒，水温计的球部应位于金属圆筒的中央。测量范围为 $-6 \sim 40\,^\circ\!C$，精度为 $0.2\,^\circ\!C$。

3.3.2.1.2　深水温度计

适用于水深40 m以内的水温的测量，其结构与表层水温计相似。盛水圆筒较大，并有上下活门，利用其放入水中和提升时的自动开启和关闭，使筒内装满所测温度的水样。测量范围为 $-6 \sim 40\,^\circ\!C$，精度为 $0.2\,^\circ\!C$。

3.3.2.2　单台多参数测定仪／多台单参数测定仪

多参数测定仪用于地表水现场监测参数的测定，经检定／校准并确认后，在有效期内使用。使用前应按照《国家地表水环境质量监测网采测分离现场监测技术导则》开展前期校准工作，并填写相应记录表单。使用时应严格按照仪器使用说明书操作，并定期对仪器进行维护和保养。

通过长期的使用和维护，发现多参数测定仪pH探头需要每月校准一次才可以达到精确，但电导率探头仅需每半年校准一次即可，相对于pH探头而言，电导率探头的稳定性更高，准确度更好。但是，每次外出采样时相应的质控液和校准液都需要随仪器携带，保证仪器的现场准确性和现场校准的可操作性。

因取样监测难以避免水样与空气进行气体交换，多参数测定仪建议使用可原位监测的设备，原位监测时注意保持搅动以保证溶解氧测定时的流速要求。

3.3.2.2.1　pH 计

用于地表水采样中 pH 的测定。以玻璃电极为指示电极，以 Ag/AgCl 等为参比电极合在一起组成 pH 复合电极。利用 pH 复合电极电动势随氢离子活度变化而发生偏移来测定水样的 pH。

复合电极 pH 计均应有温度补偿装置，用以校准温度对电极的影响。精度准确到 0.01 pH 单位。

pH 电极在平时应保存于饱和氯化钾溶液中，每次使用不应较长时间放置于待测水体。操作人员按照 pH 计使用说明书操作步骤进行 3 点校准，并做好校准记录。为了提高测定的准确度，校准仪器时选用的标准缓冲溶液的 pH 应与水样的 pH 接近。具体操作步骤为：① 将电极洗净并拭干，浸入 pH 为 6.86 的标准溶液中，待示值稳定后，按确认键使仪器示值为 6.86。② 取出电极在蒸馏水中洗净拭干，浸入第二种标准溶液（pH 为 4.00 或 9.18）中，待示值稳定后，按确认键，使仪器示值为第二种标准溶液的 pH。③取出电极洗净并拭干，再浸入 pH 为 6.86 的缓冲溶液中。如果误差超过 0.02，则重复第 ①② 步骤，直至在两种标准溶液中都能显示正确 pH。

注：pH 电极需要每月使用前校准一次，并在每次使用完之后对探头进行清洗，保持探头的清洁。

3.3.2.2.2　便携式电导率仪

用于地表水电导率和盐度的测定。电导率是以数字的形式表示溶液的导电能力，与电阻率互为倒数关系。水溶液的电导率取决于离子的性质和浓度、溶液的温度和黏度。

便携式电导率仪应具有自动温度补偿和自动换算盐度功能，精度准确到 0.1 μS/cm。

按照电导率仪使用说明书进行零点和量程两点校准，并做好校准记录，量程应包含待测水样的电导率。具体操作步骤为：①零点校准：将电极浸入纯水，将指示值调整为零点；②量程校准：将电极浸入电导率标准样品中，将指示值调整至标准溶液标准值。

注：① 校准时每次浸入不同的溶液内，均需用纯水冲洗并擦拭干净。

②电导率校准可以半年校准一次，但需携带配制好的电导率质控液和专用校准液。

3.3.2.2.3　溶解氧仪

用于地表水溶解氧的测定。覆膜电极法探头有一个用选择性薄膜封闭的小室，室内有两个金属电极并充有电解质。氧和一定数量的其他气体及亲液物质可透过这层薄膜，但水和可溶性物质的离子几乎不能透过这层薄膜。将探头浸入水中进行溶解氧的测定时由于电池作用（迦伐尼电池式或电流式）或外加电压（极谱式）在两个电极间产生电位差，使金属离子在阳极进入溶液，同时氧气通过薄膜扩散在阴极获得电子被还原，产生的电流与穿过薄膜和电解质层的氧的传递速度成正比，即在一定的温度下该电流（或极谱法中的输出电压）与水中氧的分压（或浓度）成正比。将电极浸入无氧水，将指示值调整为零点。

溶解氧仪应有水温、含盐量、大气压等自动补偿功能，用以校准各项指标对溶解氧产生的影响，精度准确到 0.01 mg/L。

溶解氧探头应保存在装有湿润海绵的密闭空间内。操作人员按照仪器使用说明书进行零点和饱和点两点校准，并做好校准记录。具体操作步骤为：①零点校准：将电极浸入无氧水，将指示值调整为零点；②饱和溶解氧校准：将电极浸入饱和溶氧水或空气中，在用磁力搅拌器搅拌（仅测定饱和溶氧水时）的同时，待显示值稳定后，测定饱和溶氧水或水饱和空气的温度（准确至 ±0.1℃），根据 HJ 506—2009 附录 A.1 中的饱和溶解氧浓度值调整显示值。

注：① 溶解氧探头覆膜寿命约为 3 个月，建议定期更换溶解氧探头覆膜保证检测数据的可靠性。
　　② 溶解氧探头需每天校准。

3.3.2.3　塞氏盘

塞氏盘为一个由较厚的金属片制成的直径为 20 cm 的圆盘，在盘的一面从中心平分为 4 个部分，以黑白漆相间涂布。正中心开小孔穿一吊绳，下面加一重锤，吊绳上 10 cm 处用有色丝线或漆做长度记号。

3.3.2.4　表层采水器

表层采水器用于地表水表层水样的采集。建议使用排空式有机玻璃材质，体积以 5～10 L 为宜。此采样器是两端开口，且侧面带刻度和温度计的玻璃或塑料材质的圆筒式装置，下侧端接有一胶管，底部加重物的一种装置。顶端和底端各有同向向上开启的两个半圆盖子，当采样器沉入水中时，两端各自的两个半圆盖子随之向上开启，水不停留在采样器中，到达预定深度上提，两端半圆盖子随之盖住，即取到所需深度的样品。

其中有机玻璃材质的采水器较为脆弱，采样时遇到桥梁较高、水流湍急、风速过快时需要缓慢地提起和放下，避免采样器破损造成危险。

3.3.2.5　深水采样器

深水采样器用于水深大于 10 m 的底层水样采集。深水采样建议使用颠倒采水器，是一种采集预定深度水样和固定颠倒温度表的器具。颠倒采水器由一个两端具有活门的镀镍黄铜（或不锈钢、硬聚氯乙烯）圆筒构成，有 1 L、2.5 L、5 L、10 L 等多种容积。

3.3.2.6　石油类采样器

根据《地表水和污水监测技术规范》（HJ/T 91—2002）对石油类的采集要求："采样前，不对样品瓶进行冲洗。需在断面处先荡洗采样器 2～3 次以达到清洗采样器的效果并破坏可能存在的油膜。在水面至 300 mm 采集柱状水样，采集的水样全部用于测定。"为了更方便地采集石油类，建议使用石油类采样器。石油类采样器具有"闭—开—闭"功能，由不锈钢样品瓶固定装置、浮球和采样绳构成。采样时，固定在采样装置上的样品瓶呈闭合状潜入水体，当采样器到达选定深度，受浮球浮力和采样器重力的作用，样品瓶打开，样品瓶里充入水样后，收回采样绳，样品瓶呈关闭状态。

3.3.2.7　抽滤装置

传统重金属抽滤装置由无油隔膜式真空泵、聚四氟乙烯过滤器（溶剂过滤器）、微孔滤膜三部分构成。全玻璃过滤器包括过滤杯（300 ml 或 500 ml）、集液瓶（1 L 或 2 L）、砂芯过滤头、固定夹、软管等。微孔滤膜需选用 0.45 μm 的滤膜。

相比于传统抽滤装置，便携式抽滤装置具有携带方便、抽滤效率高、集液瓶为塑料材质等优点，标准中要求重金属样品应当存储于塑料材质的容器中，所以传统抽滤装置一定程度上不符合标准要求，需选用专用的塑料材质抽滤装置。

3.3.2.8　离心机

离心机用于自然沉降 30 min 后，仍然存在大量沉降性固体的泥沙河流或感潮河段的断面。

离心机采用低速台式大容量离心机，最高转速应可达到 5 000 r/min，配备 500 ml×4 或 500 ml×6 大容量离心瓶，重量以 30 kg 左右为宜，便于移动搬运。

3.3.2.9　63 μm 尼龙过滤筛

用于自然沉降 30 min 后，仍然存在大量沉降性固体及藻类的湖库、河流水体样采集。

3.3.2.10 破冰及清理工具

用于北方冬季冰冻断面水样采集。

常见的破冰工具包括冰钎、电动或手摇钻冰机和锤。破冰工具材质要求：冰钎或钻冰机钻头必须为不锈钢材质，锤为铸铁或不锈钢，重量大于 10 kg。破冰后的冰面清理工具可选择塑料雪铲。

3.3.2.11 执法记录仪

用于实时记录采样全过程。技术参数要求便携、操作简便、大广角、高清、能够储存 18 h 的视频记录、大容量电量。

3.3.2.12 GPS

用于采样断面的经纬度确认。需采用高精度 GPS、便捷、稳定性好，能够转换经纬度，直接显示当前地点经纬度。

3.3.2.13 激光测距仪

用于河宽的测量。能够满足现场测量河面宽度需求，精度达到 1 m。要求操作简单、便携（因河流宽度的不确定性，建议使用最大量程）。

3.3.2.14 测深仪或者铅锤 + 卷尺

用于测量河、湖的深度。能够满足现场测量需求，精度达到 1 m，要求操作简单、便携。

3.3.2.15 车载冰箱

用于样品采集完毕后的冷藏存储，应有较大容积，温控范围应覆盖 $0 \sim 5℃$，可实时显示箱内温度。建议冰箱内除防震膜外，额外定制与冰箱和样品瓶尺寸匹配的固定模具，大幅降低运输中样品瓶破损的概率，避免重采的发生。

车载冰箱应专门配备逆变器和插座配合使用。

3.3.2.16 温度记录仪

实时记录车载冰箱温度。

3.3.2.17 便携式大功率移动电源

给离心机、车载冰箱供电。

3.3.2.18 手机

用于现场拍照、操作 App 等。

3.3.3 出入库管理

采样单位应建立仪器设备台账，仪器设备均统一存放至设备间，专门设置设备管理员统一管理。现场监测设备进出设备间均需经过校准，保证仪器设备正常工作状态，填写仪器出入库记录表（见表 3-13）。每个采样组进行采样前统一向仪器设备管理员领取仪器设备，并检查设备完好性。

表 3-13 仪器出入库记录表

序号	任务单号	仪器设备名称	仪器编号	领用日期	领用人	出库状态	保管人	归还日期	入库状态	保管人
						□正常 □异常			□正常 □异常	

① 所有设备按照类别分区存放，保持设备间的干净整洁，设备间示例见图 3-8。

图 3-8 设备间示例

② 现场监测设备工具箱（见图 3-9）可存放现场监测便携式仪器、GPS、测距仪、水深计等。

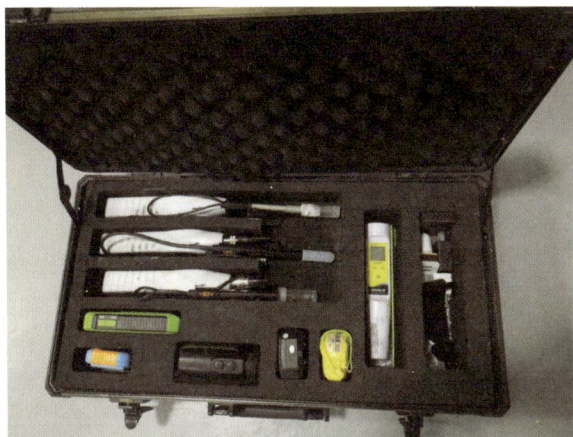

图 3-9 现场监测设备工具箱示例

③ 耗材工具箱（见图 3-10）可存放原始记录表格、手套、采样绳、塞氏盘、一次性滴管、石油类采样器等。

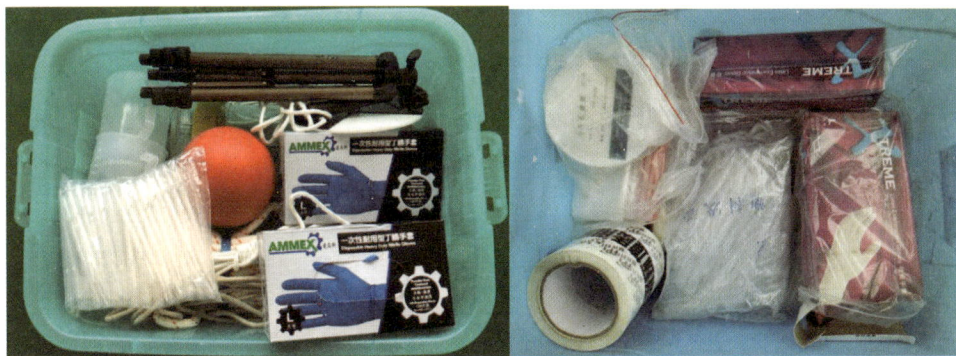

图 3-10 耗材工具箱示例

3.4 车辆物资

3.4.1 车辆安排

根据当月分析站计划制订采样方案后，安排合适的采样、送样和备用车辆，原则上采样组每组配备一辆采样车，送样组每组配备一辆冷藏送样车，备用组每组配备一辆备用车（见表 3-14）。

表 3-14　采样车辆安排

纵队	组别	集合地点	集合日期/时间	×年×月采/送样人员安排				车辆安排
				人员	联系方式	角色	身份证	

3.4.2　车辆使用

每辆投入使用的车辆在次月采测分离出发前需由专人进行检查，必要时送往专业机构保养，确保采测分离期间车辆行驶安全。每台车辆需配备的装备详见表 3-15。

表 3-15　采样车辆装备

序号	物品名称	单位	数量	用途
1	防滑链	个	4	保证雪地和山地路段行驶安全
2	防滑抓	台	2	保证车辆行驶安全
3	救生衣	件	4	保证采样安全
4	救生绳	条	4	保证采样安全
5	警示牌	个	2	车辆异常时保持警戒
6	雨披	件	4	采样时下雨应急
7	逆变器	个	1	保证车载冰箱正常使用
8	接线板	个	1	保证车载冰箱正常使用
9	车载冰箱	台	4	保证样品的低温冷藏运输

3.4.3　司机培训

每次出发前对司机进行安全教育培训，宣贯采测分离项目中可能出现的特殊情况，并签署安全交底单（见表 3-16）。

表 3-16 安全交底单

部门	国网地表水采测分离项目组	交底日期	
交底项目	国家地表水环境质量监测网采测分离项目		
交底内容	所有人员遵守公司各项安全管理规定，听从各纵队负责人指挥，并要做到以下几点： 1. 采样安全：进入采样现场穿戴必要的防护用具：救生衣、安全绳等，在规定地点采样，采样时注意脚下障碍物、周围电力设施以及其他有安全隐患的设施，防止溺水和高空坠落。添加保护剂时注意配戴手套，防止腐蚀伤。交通要道采样时注意做好车辆引流。采集完样品立即回到集中点，不得闲逛。 2. 交通安全：司机严格遵守交通法规，不得超速。非我司司机超速，车上人员应予以制止。 3. 食宿安全：入住正规宾馆，住宿后夜晚不得单独外出，注意饮食卫生。 4. 实验室安全：穿戴必要的防护用品，严格按照操作规程操作。蒸馏消解不要离人，随时注意用电电器及电线的发热情况，谨慎操作，避免玻璃划伤和烫伤。发现隐患及时汇报，不要带病操作。实验完毕切断所有电源、气源、水源。 5. 样品交接安全：下班时间交接样品接驳车需有男士同往，搬运样品时防止砸伤及样品的破碎。 技术负责人：＿＿＿＿＿＿＿ 采样负责人：＿＿＿＿＿＿＿ 交底人：＿＿＿＿＿＿＿		
被交底人员签字			
备注			

3.4.4 出发前检点

出发前组长根据表 3-6 统一核查物资是否齐全，仔细检查每个样品瓶的状态（见图 3-11），包括瓶身是否有裂痕；实心塞的瓶口是否破裂；瓶内是否有水滴、异物等；核查现场参数检测仪器是否可正常使用；核查固定剂箱，包括固定剂是否齐备、固定剂标签是否清晰完整等；确认车辆性能正常。

图 3-11 检查样品瓶

3.5　纸质材料

3.5.1　上报材料

采样公司每月按要求上报资料（见表 3-17）。

表 3-17　每月上报资料

序号	记录表格名称	时间节点
1	样品瓶洗涤记录	20 日之前提交下一个月的记录
2	样品瓶空白本底抽测记录	25 日之前提交下一个月的记录
3	纯水检验记录	25 日之前提交下一个月的记录
4	固定剂配制记录	25 日之前提交下一个月的记录
5	固定剂检验记录	25 日之前提交下一个月的记录
6	现场监测仪器信息记录表	25 日之前提交下一个月的记录
7	现场监测仪器校准记录表 （pH、电导率、溶解氧、盐度）	25 日之前提交下一个月的记录
8	采样原始记录（地表水采测分离采样记录表、 地表水采测分离现场监测记录表）	每月采样回来 2 d 之内（15 日前）
9	现场质控记录（pH、电导率、溶解氧）	每月采样回来 2 d 之内（15 日前）
10	现场检测数据（系统导出）	每月采样回来 2 d 之内（15 日前）
11	断面情况汇总表	每月采样回来 2 d 之内（15 日前）
12	采样公司建议调整分析站断面清单	每月采样回来 2 d 之内（15 日前）
13	视频资料	采样完毕后 24 h 内
14	质控报告 （包括前期准备质控表格、现场采样质控核查表）	每月 18 日前
15	检测报告	每月 18 日前
16	总结报告	月底上传到系统
17	执行方案	项目执行前上传到系统
18	培训计划	月底上传到系统
19	实施大纲	月底上传下月的实施大纲到系统
20	自评估报告	每月采样完毕后 5 d 之内

3.5.2　人员所持材料

每组采样人员出发前必须持有的资料见表3-18。

表 3-18　每月上报资料

序号	记录表格名称	是否携带
1	采样计划和采样方案	
2	采样原始记录单	
3	现场监测记录单	
4	仪器使用记录单	
5	仪器校准记录单	
6	仪器核查记录单	
7	采样人员上岗证	
8	保存剂配制记录、试剂检验记录、样品容器抽检记录	
9	样品保存装备的合格证、温度控制记录、温度控制装置的外部校准或内部核查记录	
10	现场监测设备作业指导书	
11	现场监测设备检定或校准证书	
12	仪器领用清单等	

第四章 —— 现场监测

水质监测分为现场监测和实验室监测两部分。本项目涉及地表水的现场监测指标包括水温、pH、电导率、溶解氧、浊度（选测）、透明度（湖库加测）、盐度（入海控制断面加测）。

4.1 前期准备

4.1.1 监测设备的检定（校准）

监测设备应在计量合格有效期内使用。有效期一般为一年，到期前应重新进行设备检定或校准，保证下个采样周期设备正常使用。

4.1.2 设备月度校准

每月采样前根据采样计划准备数量充足的监测设备（确保每个断面仪器"一备一用"），并校准 pH、电导率、溶解氧监测设备至符合要求，做好记录。

4.1.2.1 pH 仪器核查、校准

按照 pH 计使用说明书操作步骤进行 3 点校准，并做好校准记录。具体操作步骤详见第三章 3.2.2.1 pH 计部分。

校准完成后，用蒸馏水充分淋洗电极，按仪器操作规程将浸泡于装有指定溶液的保护帽中，保存待用。

4.1.2.2 电导率仪器校准

按照仪器操作规程完成仪器校准，注意开启温度补偿功能。做好校准记录。用标准溶液校准仪器时，每次更换标准溶液时应用纯水彻底冲洗电极并用滤纸吸干。

仪器校准后应将电极用蒸馏水充分淋洗电极，然后用滤纸吸干，保存待用。

4.1.2.3 溶解氧仪器校准

仪器开机，等待仪器完成极化（极谱式电极），确保仪器能够正常工作。① 零点校准：将电极浸入无氧水，将指示值调整为零点。② 饱和溶解氧校准：将电极浸入饱和溶氧水或水饱和的空气中，在用磁力搅拌器搅拌（仅测定饱和溶氧水时）的同时，待显示值稳定后，测定饱和溶氧水或水饱和的空气的温度（精确至 ±0.1℃），根据 HJ 506—2009 附录 A.1 中的饱和溶解氧浓度值调整显示值。

4.1.3　标样核查

根据采样计划准备足量的 pH、电导率核查标液。

4.2　现场情况确认

4.2.1　采样条件

观察断面情况，判断是否存在断流或干涸或其他客观原因导致无法采样的情况。若判断无法采样，需拍照提供充分证据申请不采或延期采样。

观察天气状况，需要使用船只采样的断面点位是否受天气影响不宜行船，或水样代表性是否受降雨影响（如掀起底泥、冲刷河岸）。若判断天气状况不适合采样，需拍照提供充分证据申请延期采样。

4.2.2　污染源

观察断面上游或点位周边是否有排污影响水样代表性的情况；如有，需拍照申请调整点位。

4.2.3　水体

确定断面类型（一般河流、湖库、入海控制断面），测量河宽（河流）、水深、水体流量，按照《地表水和污水监测技术规范》（HJ 91—2002）设置采样垂线数和垂线数上的采样点（见表4-1～表4-3）。

表4-1　河流采样垂线的设定

水面宽	垂线数	说明
≤50 m	一条（中泓）	垂线布设应避开污染带，同时在污染带增加监测垂线
50～100 m	二条（近左右岸有明显水流处）	
>100 m	三条（左、中、右）	

表 4-2　河流采样垂线上采样点数的设定

水深	采样点数	说明
≤5 m	上层 1 点	① 上层指水面下 0.5 m 处，水深<0.5 m 时，在水深 1/2 处；
5～10 m	上、下层 2 点	② 下层指河底以上 0.5 m 处；
>10 m	上层、中层、下层 3 点	③ 中层指 1/2 水深处

表 4-3　湖（库）点位采样点数的设定

水深	分层情况	采样点数	说明
≤5 m		1 点（水面下 0.5 m）	① 分层是指湖水温度分层状况；
5～10 m	不分层	2 点（水面下 0.5 m，水底上 0.5 m）	② 水深不足 1 m，在 1/2 水深处设置采样点；
	分层	3 点（水面下 0.5 m，1/2 斜温层，水底上 0.5 m）	③ 有充分证据证实垂线水质均匀时，可酌情减少采样点
>10 m		除水面下 0.5 m，水底下 0.5 m 处外，按每一斜温层分层 1/2 处设置	

4.3　现场参数测定

原则上，所有现场参数均需要进行原位监测。如果现场环境不具备原位监测条件，则按照《国家地表水环境质量监测网采测分离现场监测技术导则》的要求完成现场项目的监测。

4.3.1　水温

① 根据监测断面实际水深选择合适的水温计。一般表层水温计适用于测量水的表层温度；深水温度计适用于测量水深 40 m 以内的水温；颠倒温度计适用于测量水深在 40 m 以上的各层水温。

② 用绳子拴住温度计金属管上端的提环，将温度计投入水中下沉至待测水深，感温 5 min 后，迅速上提并立即读数。从温度计离开水面至读数完毕应不超过 20 s。在冬季的东北地区读数应在 3 s 内完成，否则水温计表面形成一层薄冰，影响读数的准确性。

③ 遇到风浪较大等特殊情况时，可用水桶取水进行测量，测量时把温度计放入水桶内，感温 5 min 后，迅速上提并立即读数。从温度计离开水面至读数完毕应不超过 20 s。

④ 当现场气温高于 35℃或低于 –30℃时，水温计在水中的停留时间要适当延长，以达到温度平衡。

⑤ 测量完成后，及时记录测试值。

4.3.2　pH

① 严格遵照仪器说明书的规定，开机启动仪器，确认测试仪器可以正常开机，检查仪器其他参数设置正确，取下浸泡玻璃球泡的保护帽。

② 每天在第一个监测点位前进行一次标液核查。选择一种 pH 接近于待测水样的缓冲溶液，将电极先用蒸馏水充分淋洗，然后用滤纸将水吸干后将电极浸入标准缓冲溶液中，待示值稳定后（10 s 内变化不超过 0.01 pH 单位），记录核查结果。核查结果与缓冲溶液的标准值相差不应大于 ±0.03 pH 单位。

③ 采用原位监测或采样监测方式进行水样测试。

● 原位监测。根据监测方案，在监测断面位置，将 pH 计测试电极投入水中，达到待测深度，静置，待示值稳定后（10 s 内变化不超过 0.01 pH 单位），记录测试值。

如 pH 电极有加液孔，为防止水样进入电极影响电极性能，宜采用采样监测方法，并确保加液孔高于水样液位高度。

● 采样监测。根据监测方案和采样技术导则采集待测水样，将采集的样品倒入经水样润洗过的容积不小于 5 L 的塑料桶中，然后将电极缓慢插入样品中，小心摇动或进行搅动使其均匀，静置，待示值稳定后（10 s 内变化不超过 0.01 pH 单位），记录测试值。

④ 监测数据提交审核确认。

⑤ 测试结束后，关闭仪器，用纯水清洗电极，用滤纸吸干，并妥善包装存放。

4.3.3　电导率

① 开机启动仪器，确认测试仪器可以正常开机。选择合适测试范围挡位，并检查仪器其他参数设置正确。

② 每天在第一个监测点位前进行一次标液核查。选用接近现场水样电导率水平的质控样对仪器进行核查，质控样核查误差不应超过 ±1%，核查通过后方可使用，并填写各类质控记录。

③ 采用原位监测或采样监测方式进行水样测试。

● 原位监测。根据监测方案，在监测断面位置，将电导率测试电极投入水中，达到待测深度，并缓慢搅动电极，同时观察测量值，待仪表上显示的电导率测试值稳定后（10 s 内变化不超过 1%），记录电导率和盐度（如需）的测定值。

● 取样监测。根据监测方案和采样技术导则采集待测水样，并将水样沿杯壁缓慢倒入容积不小于 5 L 的塑料桶中，即刻开展测试。将电导率测试电极浸入水样中，并缓慢搅动电极，不可产生水花，同时避免电极与烧杯发生碰撞，确保电极与水样充分接触。待仪表上的电导率测试值稳定显示后（10 s 内变化不超过 1%），记录电导率和盐度（如需）测定值。

④ 监测数据提交审核确认。

⑤ 测试结束后，关闭仪器，用纯水清洗电极，用滤纸吸干，并妥善包装存放。

4.3.4　溶解氧

① 溶解氧的测定有覆膜电极法和荧光法两种机理，使用前应查验清楚，注意区分。

② 严格遵照仪器说明书的规定，开机启动仪器，确保仪器能够正常工作。将仪器调整至示值显示方式。极谱式电极（覆膜电极法）需等待仪器完成极化。

③ 饱和溶解氧核查。

每个监测断面测量前需使用水饱和的空气进行饱和溶解氧核查，每次核查须填写记录，核查结果与饱和溶解氧浓度值相差不应大于 ±0.5 mg/L。

根据所用仪器的型号，检查仪器的自动补偿功能情况。若仪器具有水温、含盐量、气压等自动补偿功能的，则直接进入测试步骤；若仪器不具备水温、含盐量、气压等自动补偿功能的，则应采用相应仪器测试获得当前水样的温度、含盐量和环境气压等参数，并输入到仪器，并进行检查，核对无误后进行下一步的水样测试。

④ 水样测试。

● 原位监测。将溶解氧电极投入待测水体中，达到待测深度，停留足够的时间，待探头温度与水温达到平衡。待仪表上显示的溶解氧测试值稳定后（10 s 内变化不超过 0.1 mg/L），记录测试值。对于覆膜电极法探头，若水流速低于 0.3 m/s，须在水样中往复移动探头，同时观察读数。

● 取样监测。根据监测方案和采样技术导则采集待测水样，采集水样时应装满容器并溢出容积 1/3，如需分样，分样时注意将分水管插入样品瓶底部，慢速放出水样，不要产生气泡，即刻开展测试。

将溶解氧电极浸入水样中，停留足够的时间，待探头温度与水温达到平衡。（覆膜电极法需往复移动探头）待仪表上显示的溶解氧测试值稳定后（10 s 内变化不超过 0.1 mg/L），记录测试值。

原位监测与取样监测两种方式，测试过程中不能有空气泡截留在溶解氧电极膜表面上。

⑤ 监测数据提交审核确认。

⑥ 测试结束后，关闭仪器，用蒸馏水清洗电极，用滤纸吸干，并妥善包装存放。

4.3.5　透明度

① 仅湖库点位需要监测透明度。

② 塞氏盘法透明度是指白色透明度盘在水中的最大可见深度。透明度观测只在白天进行。观测地点应选在背阳光处，观测时须避免船只排出污水的影响。

③ 将盘在船的背光处平放入水中，逐渐下沉，至不能看见盘面的白色。并在"刚好看见"与"刚好不能看见"之间上下多次移动，以确认"刚好不能看见"的位置，记取其尺度，以"cm"为单位。重复测量两次，取平均值。观测工作应在透明度盘的垂直上方进行。

④ 测试完成后，记录测试值，并提交审核确认。

4.3.6　盐度

① 仅入海控制断面需要监测盐度。

② 使用带有自动温度补偿和自动换算盐度功能的便携式电导率测试仪。按照操作规程将仪器设置盐度测试模式，参照本章"3.3 电导率"完成盐度测试。

4.3.7　浊度（选测）

① 可采用便携式浊度计法（参考）。

② 按仪器操作规程开机启动仪器，待仪器自检完毕，进入测量状态。

③ 用接近水样的浊度标液核查仪器，测量值与标称值误差应小于 10%。

④ 将完全搅拌均匀的水样倒入干净的比色管内，稍稍放置让气泡逸出后盖紧比色管，用无绒布将其擦干净，使无指纹、油污、脏污。光通过区域必须洁净。

⑤ 比色管放入测量池内，确认位置正确，按读数（或测量）键，带仪器显示读数，记录测量值。

4.4　注意事项

① 温度影响电极的电位和水的电离平衡。须注意调节仪器的补偿装置与溶液的温度一致，并使被测样品与校准仪器用的标准缓冲溶液温度误差在 ±1 之内。

② 电量不足会影响仪器的正常使用，出现数显不稳定、测量误差大等现象，务必

保持仪器所用电池电量充足。

③ pH 电极受污染时，可用低于 1 mol/L 稀盐酸溶解无机盐垢，用稀洗涤剂（弱碱性）除去有机油脂类物质，稀乙醇、丙酮、乙醚除去树脂高分子物质，用酸性酶母液除去蛋白质血球沉淀物，用稀漂白液、过氧化氢除去颜料类物质等。

④ 电导率随温度变化而变化，温度每升高 1℃，电导率增加约 2%，通常规定 25℃为测定电导率的标准温度。

⑤ 电导率测试时，应尽量避免如信号塔、电动机、发电机等引起的电磁干扰，电极上的池体小孔必须浸没在水面以下。

⑥ 水中的悬浮物、油脂等物质可能会干扰电导率测试，现场测试应避开水中的悬浮物和油膜。

⑦ 溶解氧受水温、气压、盐度等因素影响。溶氧量与水温、盐度成反比，与气压成正比。必要时，根据所用仪器的型号和对测量结果的要求，检验水温、气压或含盐量，并对测定结果进行校正。

⑧ 膜法溶解氧电极，任何时候都不得用手触摸膜的活性表面。若膜片和电极上有污染物，会引起测量误差。一般 1~2 周清洗一次。清洗时要小心，将电极和膜片放入清水中涮洗，注意不要损坏膜片。

⑨ 膜法溶解氧电极，样品接触探头的膜时，应保持一定的流速，以防止与膜接触的瞬间将该部位样品中的溶解氧耗尽而出现错误的读数。应保证样品的流速不致使读数发生波动。

⑩ 膜法溶解氧电极干扰：水中存在的一些气体和蒸气，如氯、二氧化硫、硫化氢、胺、氨、二氧化碳、溴和碘等物质，通过膜扩散影响被测电流而干扰测定。水样中的其他物质（如溶剂、油类、硫化物、碳酸盐和藻类等）可能堵塞薄膜、引起薄膜损坏和电极腐蚀，影响被测电流而干扰测定。

⑪ 荧光法溶解氧探头会受到乙醇、过氧化氢、气态二氧化硫和氯气的影响。

⑫ 在雨天及大量浑浊水流入水体时，或水面有较大波浪时，不宜测量透明度。

⑬ 透明度测量尽量避免水草、垃圾、油膜等杂物的干扰。

第五章 —— 样品采集

在国家地表水环境质量监测网中设置了河流断面、湖库点位以及入海控制三类监测断面。监测断面类别不同，其所对应的监测指标也不同。对于河流断面，其监测指标为《地表水环境质量标准》（GB 3838—2002）表1中所规定的20项指标［即高锰酸盐指数、化学需氧量、五日生化需氧量、氨氮、总磷、总氮、铜、锌、氟化物、硒、砷、汞、镉、铬（六价）、铅、氰化物、挥发酚、石油类、阴离子表面活性剂和硫化物］；对于湖库点位，其监测指标是在20项监测指标的基础上，另增叶绿素a一项监测指标，共计21项；对于入海控制断面，其监测指标是在20项监测指标的基础上，另增硝酸盐氮和亚硝酸盐氮两项监测指标，共计22项。

5.1　一般河湖样品采集

5.1.1　采样流程

5.1.1.1　签到及现场勘探

采样当日，采样人员需使用GPS按照指定采样点的经纬度进行定位。到达现场后，为保证现场监测和采样工作的安全，要第一时间设置安全桩，加以警示；打开手机APP，进入程序，扫描断面桩二维码签到。在无断面桩的情况下，在手机APP中确定的GPS点位签到。

签到工作完成后，采样人员要对采样断面及其周边环境进行勘探，并拍照留存记录采样现场的周围环境，主要包括断面桩、扫描断面桩二维码签到、采样断面水面、上游、下游、左岸、右岸共7张环境照片，将拍摄照片注明名称并按时上传至手机APP及系统平台。

采样人员根据现场勘探情况判断采样断面是否具备采样条件，若采样断面不具备采样条件，应标记无法采样并做好记录、上报及其他相关性工作；若采样断面具备采样条件，采样人员要穿好救生衣，佩戴好手套和安全绳，并将采样设备和物资有序地排放在现场（见图5-1），保证采样工作现场环境的整洁和美观，做好采样前的准备工作。

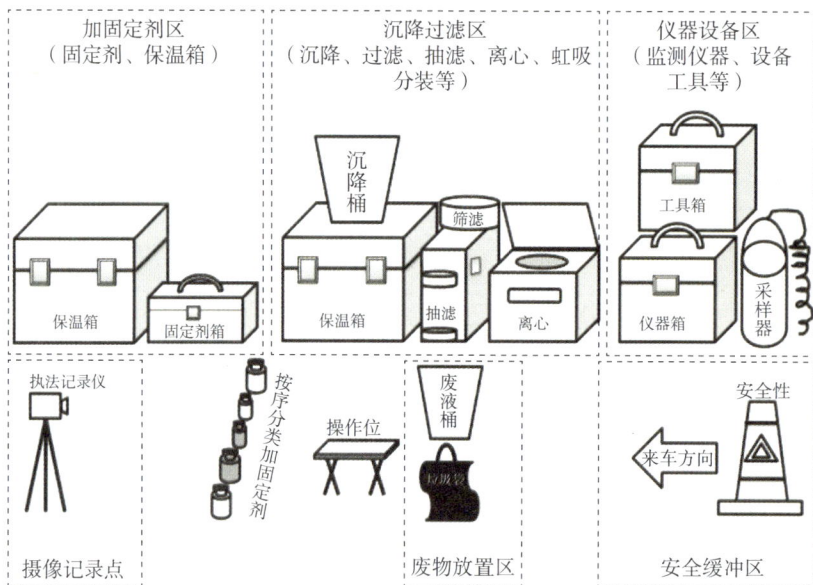

图 5-1　现场摆放图例

同时，需打开并调整好执法记录仪，由专人按照相关规范要求对采样过程中的相关环节进行拍摄，做到采样过程中的留痕可追溯。此外，为保证工作人员及现场监测设备的安全，需掌握现场环境条件，即对温度、湿度、气压等进行测量，并使用黑色签字笔现场填写《地表水采样记录表》（见图 5-2），要求字迹端正、清晰，项目完整。

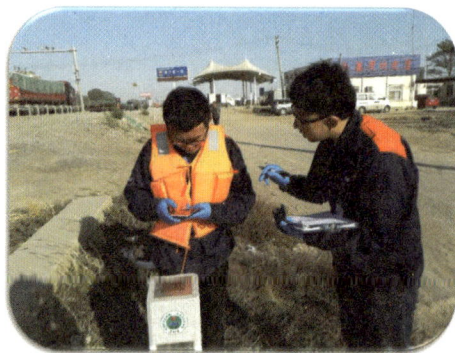

图 5-2　现场填写采样记录

5.1.1.2　拍照测距

采样开始时，采样人员要先对采样断面河宽、水深等参数进行测量（见图 5-3），并填写在原始记录表中，按照技术导则中的规定和要求判断需要采集的垂线数和点位数（见图 5-4）。

图 5-3　断面测距

图 5-4　APP 上传界面、上游断面、采样断面、下游断面照片（从左往右）

5.1.1.3　校准检测

① 为保证现场监测数据的准确性，要在现场对仪器进行校准复核（见图 5-5）。采样工作开始时，采样人员应提前打开现场监测仪器预热（见图 5-6），预热结束后，按照相关规范要求对其进行校准复核。

② 待仪器核查通过后，采样人员需及时填写现场监测仪器准确度检查及现场监测记录表（pH—DO—电导率—盐度计现场监测用）（见表 5-1），并按照水温、溶解氧、pH、电导率等相关现场监测指标进行水样测定。现场监测指标异常时（如溶解氧监测数值小于 5 mg/L、pH 监测范围超出 6～9 等），应按照相关工作要求进行仪器的校准和样品的复测（见图 5-7、图 5-8），并及时上报反馈相关情况。

图 5-5　现场校准图

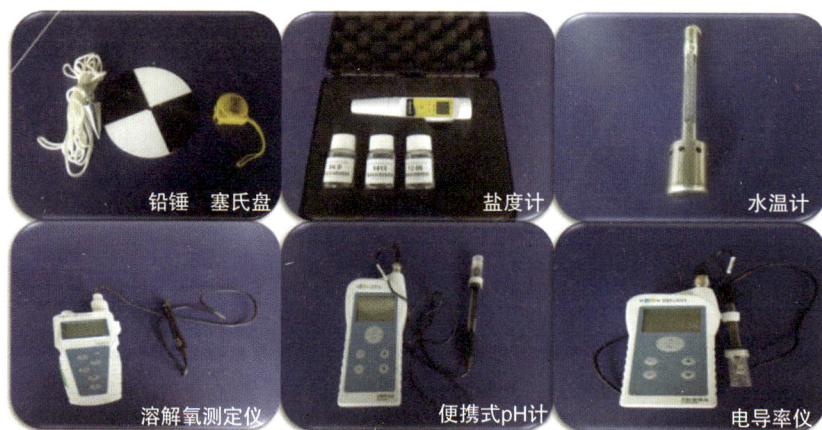

铅锤 塞氏盘　　　盐度计　　　水温计

溶解氧测定仪　　　便携式pH计　　　电导率仪

图 5-6　现场参数所用仪器

③ 对现场项目的监测尽量在确定好的采样垂线和点位上进行原位监测，如果不能对现场项目进行原位监测，需按照技术导则要求，先完成现场项目的监测。测量溶解氧时应以 0.3 m/s 速度搅动水样，不要触碰桶壁和水底，不同水样间及水样测量完成后都需用纯水润洗仪器，并将测量数据填写到记录表，同时录入手机 APP，截图发送回公司审核，确保无误后提交，采样人员将数据录入报告（见图 5-9、图 5-10 ）。

表 5-1　现场监测仪器准确度检查及现场监测记录表

| | pH便携仪器准确度检查 |
质控日期	河流（湖库）名称	断面名称	质控样样品编号	保证值	实测值		检查结果
						□通过	□不通过
						□通过	□不通过
						□通过	□不通过
						□通过	□不通过
	DO便携仪器准确度检查
						□通过	□不通过
						□通过	□不通过
						□通过	□不通过
						□通过	□不通过
	电导率便携仪器准确度检查
						□通过	□不通过
						□通过	□不通过
						□通过	□不通过
						□通过	□不通过
	盐度便携仪器准确度检查
						□通过	□不通过
						□通过	□不通过
						□通过	□不通过
						□通过	□不通过
	备注：

图 5-7　校准 pH 计（左）、DO 仪（中）、电导率仪（右）

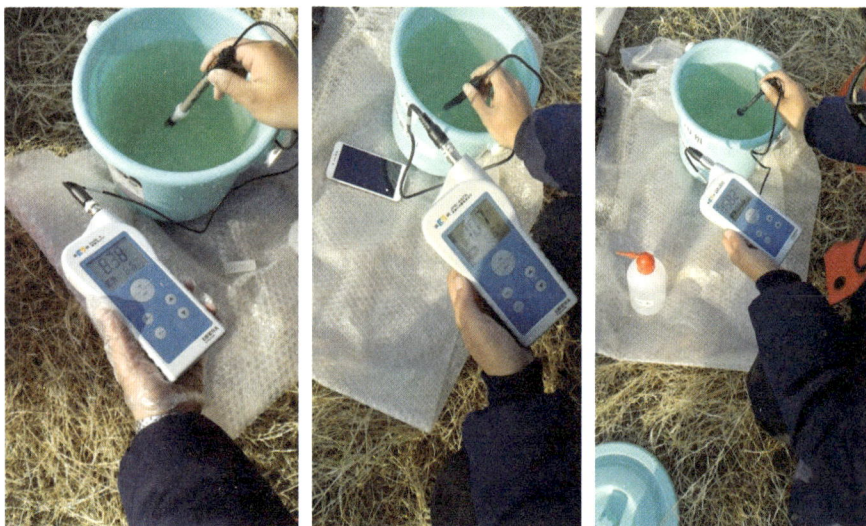

图 5-8　测量 pH 计（左）、DO 仪（中）、电导率仪（右）

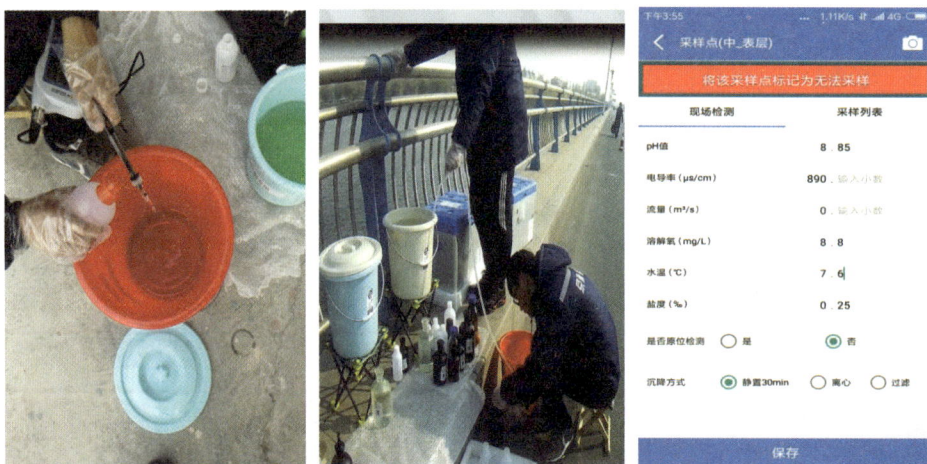

图 5-9　润洗（左）、双人虹吸操作（中）、数据填报（右）

④ 为了提高现场工作效率，采样人员需要分工合作，即某一采样人员负责仪器进行核查校准及现场监测项目的测定时，另一采样人员可进行水样的采集、沉降离心等工作，待现场监测项目测定完成后，采样人员可协同完成实验室监测项目的采集工作。

图 5-10　测量透明度（左）、盐度（中）、温度（右）

⑤ 检测要点参见图 5-11。

图 5-11　现场采样 SOP 图

5.1.1.4　采集水样

① 采样人员要在规定的垂线和点位上，通过船只或桥梁采集水样，同时保证采水过程中的安全性，避免在不安全的点位进行水样的采集。值得注意的是，采样人员将系着绳子的采水器或带有坠子的样品瓶投入水中汲水时，不能混入水面上的漂浮物等杂质，同时在取水过程中，不可搅动水底的沉积物等（见图 5-12）。

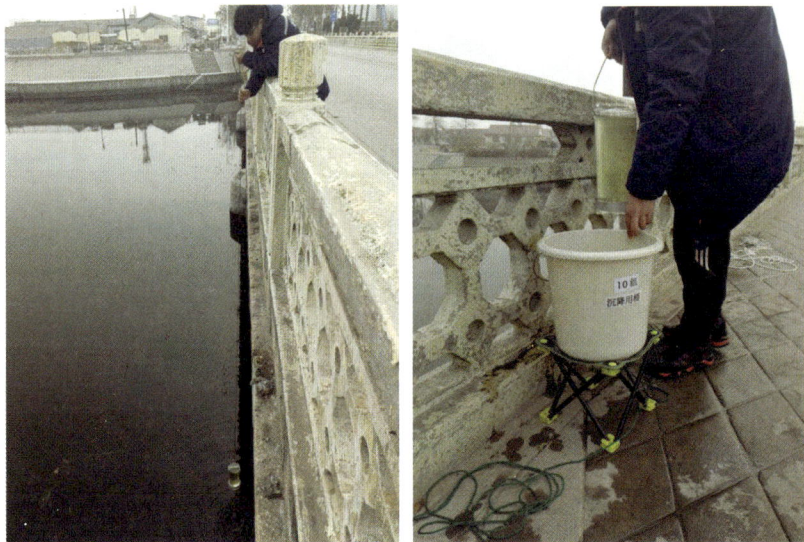

图 5-12　采样水样（左）、转移水样至沉降桶（右）

②采集 3 种断面类型的水样时，按照《国家地表水环境质量监测网采测分离技术导则　采样技术导则》样品采集的相关规定，根据监测项目间的采集特点的不同，应注意以下几点要求：

● 一般监测项目：主要包括高锰酸盐指数、化学需氧量、氨氮、总氮、总磷、砷、硒、汞、六价铬、氟化物、氰化物、挥发酚、阴离子表面活性剂、硫化物、五日生化需氧量、硝酸盐氮、亚硝酸盐氮等共计 17 项指标。在采集这 17 项监测指标时样品需在沉降后，使用虹吸装置分别灌装到 11 个样品瓶中，其中高锰酸盐指数、化学需氧量、氨氮、总氮共计 4 项指标需灌装到同一样品瓶中；砷、硒、汞共计 3 项指标需灌装到同一样品瓶中；硝酸盐氮及亚硝酸盐氮共计 2 项监测指标需灌装到同一样品瓶中。

● 铜铅锌镉：单独采样、样品瓶不得用未过滤水样润洗；采集的水样不进行自然沉降。将采样器中采集的水样，使用虹吸装置移取后立即用可溶态重金属抽滤装置进行过滤，滤膜使用 0.45 μm 的微孔滤膜；检查过滤头与抽滤瓶之间连接是否紧密，抽气泵连接口是否漏气；安装 0.45 μm 滤膜，先用纯水冲洗滤膜，并检查是否漏液；用采水器胶管将水样沿滤杯壁转移至杯中，抽滤少量水样荡洗抽滤瓶 3 次，然后过滤水样；过滤后的水样从抽滤瓶上口倒出，荡涤样品瓶及瓶盖 2~3 次，再将其装入样品瓶中；添加固定剂，填写记录，盖盖，查签，封样，包膜，装进冷藏箱；用纯水清洗过滤装置防止水样交叉污染；在船上不具备过滤条件的，可在返回岸上后立即进行过滤。

● 石油类：单独采样，样品瓶干燥且不得用水样润洗；采样前先破坏可能存在的油膜，采样不可搅动沉积物；用水样荡洗石油类采样器 2~3 次，采集的水样不进行自然沉降（见图 5-13）；将干燥的样品瓶装到石油类采样器支架中，放至水下 30 cm 深度，边采水边向上提升，在到达水面时剩余适当空间（由于采集石油类样品时对采集体积有一定的要求，且采集的样品体积不足或过量时必须重新采样，因此，一次性完成石油类样品采集较为困难，需多备3~5个样品瓶）；添加固定剂，填写记录，验pH，盖盖，查签，封样，包膜，装进冷藏箱；石油类不进行中下层水样的采集。石油类样品示例见图5-14。

● 叶绿素a：单独采样，样品瓶干燥且不得用水样润洗；采样器采集水样，通过下端胶管将水样转移至样品瓶中；如果水样中含沉降性固体（如泥沙等），用铝箔避光沉降30 min，取上层水样转移至样品瓶；添加固定剂，填写记录，盖盖，查签，封样，包膜，装进冷藏箱。叶绿素a样品示例见图5-15。

图 5-13　荡洗石油类采样器　　　图 5-14　石油类样品　　　图 5-15　叶绿素 a 样品

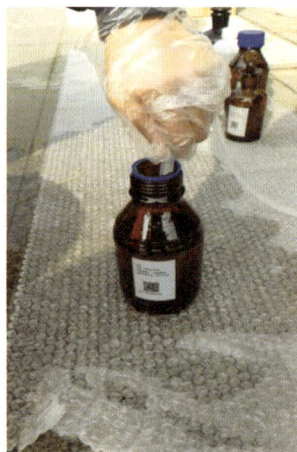

表 5-2　样品采集汇总表

采样类别	序号	项目	一般河流断面	藻类影响断面	感潮断面	多泥沙断面	水深<0.5m断面	冰冻断面
一般采样 11瓶 17项	G1	高锰酸盐指数、化学需氧量、氨氮、总氮	沉降30 min	过63 μm尼龙滤网后沉降30 min	4 000 r/min离心5 min	沉降30 min后仍含有大量泥沙，4 000 r/min离心2 min	少量多次取水样，沉降30 min	采样器、沉降桶要干燥，采样后将水桶转移至车上沉降
	G4	总磷						
	P2	总硒、总砷、总汞						

续表

采样类别	序号	项目	一般河流断面	藻类影响断面	感潮断面	多泥沙断面	水深<0.5m断面	冰冻断面
一般采样11瓶17项	G5	五日生化需氧量＊△	沉降30 min	过63 μm尼龙滤网后沉降30 min	沉降30 min	沉降30 min	少量多次取水样，沉降30 min	采样器、沉降桶要干燥，采样后将水桶转移至车上沉降
	G6	硫化物△						
	G2	挥发酚★						
	G7	六价铬						
	G8	阴离子表面活性剂						
	G10	亚硝酸盐氮、硝酸盐氮						
	P1	氰化物						
	P4	氟化物						
单独采样3瓶6项	P3	铜、铅、锌、镉▲	不沉降，从采样器下端将水样放出，用玻璃棒引流至抽滤器内进行抽滤	4 000 r/min离心5 min后抽滤	4 000 r/min离心2 min后抽滤	少量多次取水样至水桶，水样足够量后虹吸抽滤	采样器、沉降桶要干燥，采样后移至车上抽滤
	G3	石油类＊☆	石油类采样器采样		蹲在岸边，手握样品瓶对着上游自然灌装	石油类采样器要干燥，采样后移至车上
	G9	叶绿素a★	从采样器中虹吸	—	—	—	采样器要干燥，采样后移至车上
备注	★	五日生化需氧量、石油类、叶绿素a的样品瓶要干燥，不得用水样润洗
	△	五日生化需氧量、硫化物样品瓶灌装满瓶，不得有气泡（用实用瓶塞）；五日生化需氧量水样溢出样品瓶1/3水量；硫化物水样采集时先加入适量乙酸锌－乙酸钠溶液，再采集水样至瓶颈时加入氢氧化钠溶液至刚有白色沉淀产生，加水样充满容器；其余项目灌装至瓶颈处即可
	★	挥发酚白G瓶（方便看固定剂硫酸铜）套黑塑料袋（避光）
	☆	石油类只采表层
	▲	铜、铅、锌、镉用抽滤后的水样润洗

在样品采集过程中，水样的沉降、离心、抽滤、添加固定剂等操作环节，对水样采集的规范性起到至关重要的作用，在这些操作环节中要注意细节问题，以保证水样采集的质量。

5.1.1.5　静置沉降

采样人员将采水器中每次采集的水样沿着桶壁缓缓注入容积较大的沉降桶（不少于20 L）中，注意要禁止曝气，储够需用量或装满储备桶后，打开计时器，沉降 30 min，沉降时，沉降桶要加盖防尘盖，以防止水样在沉降过程中受到污染（见图 5-16）。

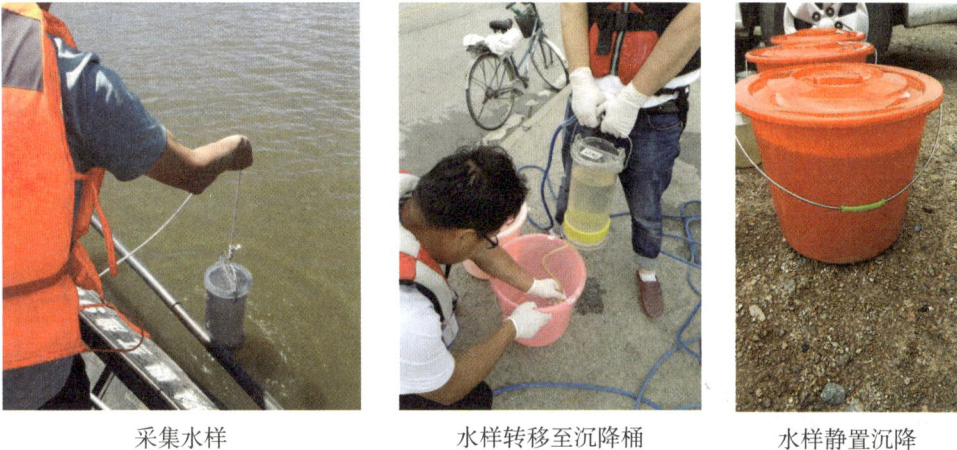

| 采集水样 | 水样转移至沉降桶 | 水样静置沉降 |

图 5-16　水样静置沉降

在水样沉降过程中，可进行需抽滤样品的采集。首先安装好抽滤装置，值得注意的是，切勿用手直接取用滤膜，要用镊子夹取滤膜。安装好抽滤装置后，要先用纯水润洗装置的瓶壁 2~3 次，冲洗时要按照"少量多次"的原则，一定要将滤膜完全湿润，润洗后的水样倒入废液桶（贴好标识，防止倒错）。清洗抽滤装置后，方可开始抽滤并分装 Pb、Zn、Cu、Cd（250 ml/瓶）等水样，加入约 2.5 ml 浓硝酸，用封口膜密封保存放入样品箱。不同样品间进行抽滤时，也要用纯水或待抽滤水样润洗抽滤装置，以防止样品之间交叉污染。需抽滤样品的采集过程见图 5-17、图 5-18。

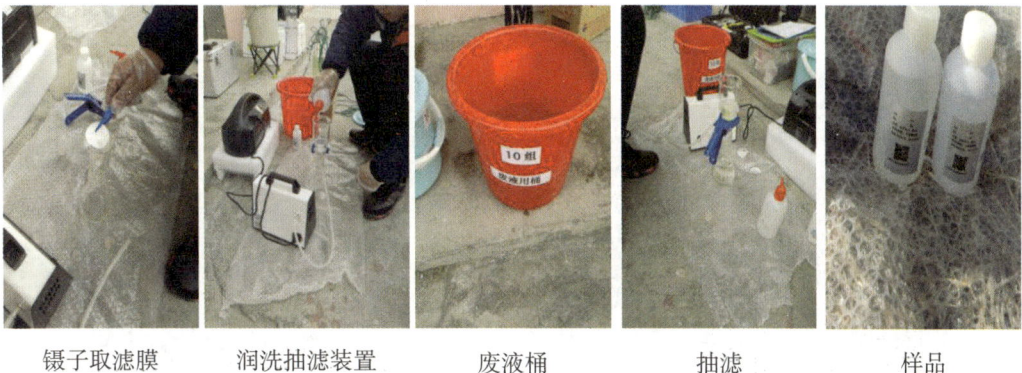

| 镊子取滤膜 | 润洗抽滤装置 | 废液桶 | 抽滤 | 样品 |

图 5-17　需抽滤样品的采集

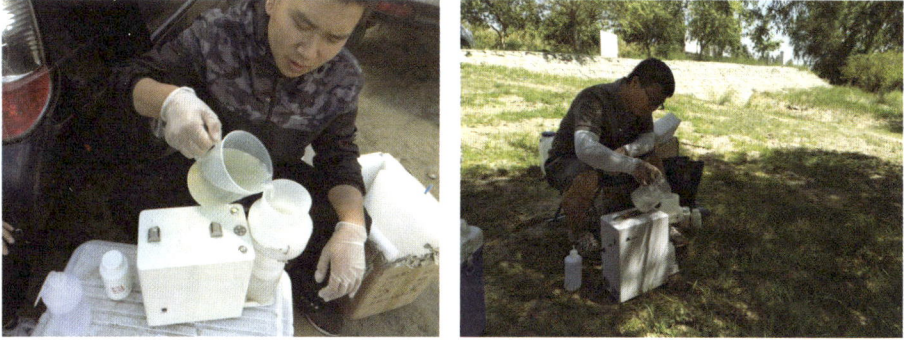

图 5-18　样品离心

5.1.1.6　虹吸分装

① 用虹吸装置（吸管进水嘴插至水样表层 50 mm 以下；一体式虹吸管取样，通过开关阀门容易操作，提高采样效率）放到样品瓶中。

图 5-19　虹吸装置

② 平行样分装。

图 5-20　三通管分装平行样

图 5-21　两条硅胶管交叉灌装平行样

③ 采完的样品放在精准采样图上。

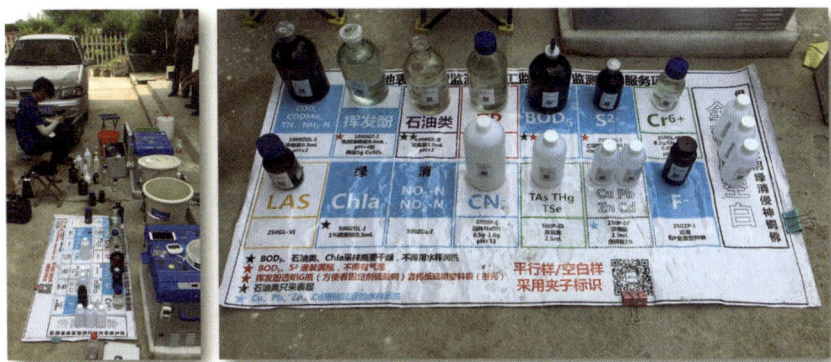

图 5-22 样品采集后放置状态

5.1.1.7 添加固定剂

① 高锰酸盐指数、化学需氧量、氨氮、总氮（1 000 ml 棕色玻璃瓶）：加入 0.5 ml 浓硫酸，调节样品 pH ≤ 2；

② 挥发酚（1 000 ml 白色玻璃瓶，需避光）：加入 0.5 ml 浓磷酸，调节样品 pH ≈ 4；同时加入 1 g 硫酸铜，使样品中硫酸铜质量浓度约为 1 g/L；

③ 石油类（1 000 ml 棕色玻璃瓶）：样品采样量为 500 ~ 750 ml，加入 1.0 ml 浓盐酸，调节样品 pH ≤ 2；

④ 硫化物（250 ml 棕色玻璃瓶，实心瓶盖）：润洗完样品瓶后先加入 0.5 ml 饱和乙酸锌 – 乙酸钠，顺瓶壁流入到瓶颈之前，加入 0.25 ml 40 g/L 的氢氧化钠，加水到满瓶水封；

⑤ 氰化物（1 000 ml 塑料瓶）：加入 0.5 ~ 1.0 g 氢氧化钠，调节样品 pH>12；

⑥ 砷、硒、汞（500 ml 塑料瓶）：加入 2.5 ml 浓盐酸；

⑦ 铜、锌、铅、镉（250 ml 塑料瓶）：加入 2.5 ml 浓硝酸，使硝酸含量达 1%；

⑧ 叶绿素 a（500 ml 棕色玻璃瓶）：加入 0.5 ml 的 1% 碳酸镁悬浊液。

全程序空白、平行样的固定剂加入方式与样品一致。

5.1.1.8 性状描述

注意需要采满瓶的项目，应现场拍照留证（见图 5-24），由于运输距离远，加上温度变低（4℃时水密度最大，体积最小），送到分析测站后会产生极少量的气泡。采集后气泡检查见图 5-25。

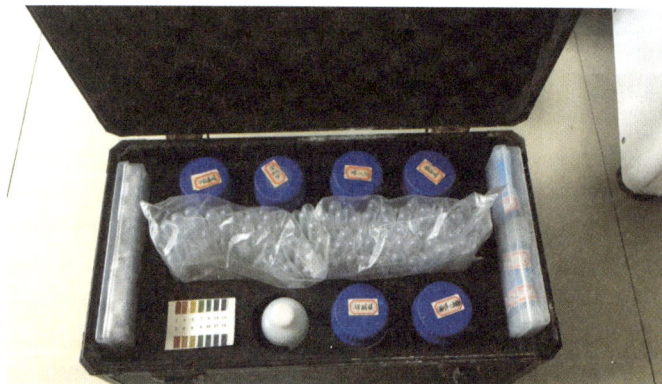

图 5-23　固定剂箱内部

图 5-24　硫化物灌装状况

BOD$_5$　　　　　　　　　　　　硫化物

图 5-25　采集后气泡检查

5.1.1.9　封箱贴条

采样人员完成样品采集后应立即将样品放入冷藏避震箱保存，所有冷藏避震箱内均应放置或配备连续温度记录仪，确保样品在 0～5℃冷藏保存。所有冷藏避震箱在装样完毕后，均应贴上印有"国家地表水环境质量监测专用"字样的易碎封条，在样品送达任务监测站前，封条不得被撕开。样品装箱、封箱见图 5-26。

图 5-26　样品装箱、封箱

5.1.1.10　清理现场

完成全部采样后，须清理好现场，杜绝污染环境。

5.1.1.11　数据上传

①采完样后 24 h 内上传采样视频至 APP。
②任务完成后，上传总结、报告至 APP。

5.1.2　注意事项

①以人为本，在确保人身安全的前提下方可进行采样。
②采样人需全程佩戴橡胶手套或一次性手套，避免用手直接接触水样或者样品

瓶、瓶盖等，防止污染。

③ 石油类只采集表层样品，采样前需先在水样中荡洗采样器 2～3 次，以破坏水体油膜；水样的采集量为 500～750 ml。

④ 采水器需提前洗净、干燥，现场用水样荡洗（见图 5-27）。采样时不可搅动水底部的沉积物，不能混入漂浮于水面上的物质。

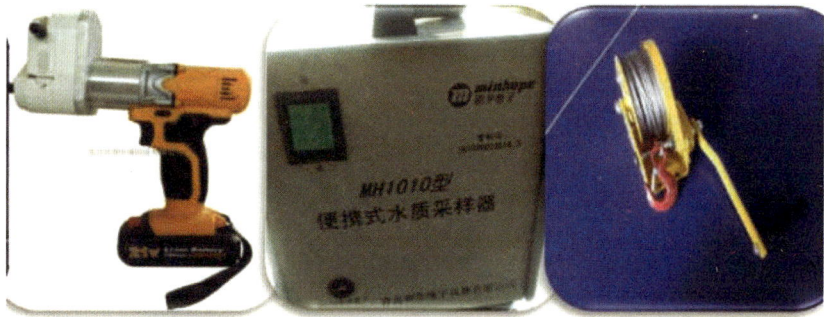

图 5-27 手持式采水器（左）、便携器采水器（中）、绞车（右）

⑤ 静置水样容器需提前洗净、干燥，现场用水样荡洗。

⑥ 铜、铅、锌、镉样品无须静置沉降，直接抽滤，样品瓶需用抽滤后的水样润洗。

⑦ 虹吸水样时，吸管进水嘴插至水样表层 50 mm 以下，确保可以避开表层漂浮物和底层沉积物。

⑧ 五日生化需氧量、石油类、叶绿素 a 的样品瓶在灌装样品前不得用水样润洗。

⑨ 优先分装总磷、五日生化需氧量、硫化物、高锰酸盐指数、化学需氧量、氨氮、总氮这几个不稳定的因子（需两人用虹吸装置同时操作）。

⑩ 五日生化需氧量、硫化物样品瓶须灌装满瓶，不得有气泡（用实用瓶塞）；五日生化需氧量水样溢出样品瓶 1/3 水量；采集硫化物水样时先加入适量乙酸锌 - 乙酸钠溶液，灌装水样至瓶颈时加入氢氧化钠溶液至刚有白色沉淀产生，加水样充满容器；其余项目灌装至瓶颈处即可。

⑪ 挥发酚样品需避光，使用白色玻璃瓶是为了便于查看固定剂硫酸铜颜色（蓝色），用黑塑料袋或锡纸包裹样品瓶达到避光效果。

⑫ 固定剂添加前后必须仔细查看标准，确保固定剂种类和加入量无误。

⑬ 现场温度过低时，采集的水样放置在保温桶（PP 材质）内（见图 5-28），可转至车上后再分装，避免水样结冰。直接采样项目，采集完毕后第一时间转移至车上。

⑭ 全程序空白的分装方式与样品一致。分装全程序空白样品所需要的纯水，建议使用小体积的水桶，采集 2～3 个断面后更换另一纯水桶，避免大水桶屡次开盖引入污染。

⑮采样完毕后，注意清理现场。

图 5-28 保温桶

5.1.3 特殊情况

①若有人为干扰，无法正常开展采样工作，现场与总站确认。

②若现场条件不满足采样规范，需拍照留证，上传无法采样说明至 APP。

5.2 特殊断面样品采集

5.2.1 多泥沙断面

多泥沙断面指，水中含沙量比较大，水样自然沉降 30 min 后仍含有大量沉降性固体的断面，如黄河流域的断面、暴雨后河流断面、感潮断面等。现场可使用离心方式进行沉降（见图 5-29）。

使用离心的方式对水样进行沉降时，具体操作步骤为：将采样器中每次采集的水样置于离心瓶中，以转速 4 000 r/min，时间为 2 min 对其进行离心，经离心的水样置于一个较大的容器中，待水样达到所需用量后，混匀，通过虹吸装置移取水样，虹吸时，吸管进水尖嘴应插至水样表层 50 mm 以下位置，移取水样前需荡洗样品瓶及瓶盖 2~3 次，再使用虹吸装置移取水样至样品瓶中。

当水体中含有大量沉降性固体时，其对高锰酸盐指数、化学需氧量、氨氮、总氮、总磷、砷、硒、汞等监测项目的测定结果的影响较大，现场采集时可对水样进行离心沉降。

图 5-29　离心前后对比图

铜、铅、锌、镉这几种监测项目在水样经离心沉降、使用虹吸装置移取后，立即通过可溶态重金属抽滤装置进行过滤。

其余样品采样方式与"一般河流断面"一致。

5.2.2　感潮河段断面

感潮河流指受潮汐影响的入海河流（见图 5-30），根据潮汐周期不同可分为半日潮型、全日潮型、混合潮型三类，采样时需采集退平潮位的水样。退平潮是指平潮过后，海面开始下降，降落到一定高度后，水位在短时间内不退也不涨的现象。

潮水处于平潮期的时间约为 1 h，根据要采集断面的垂线和层数的数量估算采样所需时间，开始采样的时间可比高平潮和低平潮的时间适当提前。

感潮河段受涨落潮的影响，泥沙含量大，自然沉降 30 min 后，水样中仍含有大量沉降性固体，可使用离心方式进行沉降。

其余样品采样方式与"一般河流断面"一致。

图 5-30　感潮断面

5.2.3　受藻类影响断面

每年春末至秋初的几个月中，湖库点位因水质富营养化生成大量藻类严重影响水质。

采样点位如有藻类大量聚集，尽可能避开藻类对水质分析有影响的点位采集水样。如果点位避不开藻类，要利用船只前进，冲开藻类聚集的间隙，在船前舷快速采样，并对现场拍照，进行记录（图 5-31）。

图 5-31　受藻类影响断面

将采样器中每次采集的水样，全部通过 63 μm 的过滤筛（网）（见图 5-32），倒入一个较大的静置用容器中，储够需用量后，按"一般河湖样品采集"分步完成样品采集。

图 5-32　筛网过滤

　　单独采集项目的采样方法无须特殊处理，按"一般河湖样品采集"分步完成样品采集。

　　叶绿素 a 水样建议采集 0.5 m 以下水样，避开表层藻类的影响。

5.2.4　冰封断面

　　北方地区的冬季多涉及冰封断面水样的采集，较一般河流和湖库断面的水样采集而言，冰封断面样品采集的最大特点就是破冰采样，其主要包括检查冰上作业的安全性，选取破冰采样的位置，以及判断破冰后水样是否具备采集条件和代表性等相关工作（图 5-33）。

图 5-33　冰封期断面

5.2.4.1　采集前的安全检查

① 冰封初期、化冰期采样人员不可进行冰上作业。

② 采样人员需穿戴好防寒服和救生衣，前方探冰人员佩戴好安全带或安全绳，与后方安全保障人员或建筑物、树木、采样车等连接，保证安全，防止坠冰（见图5-34）。

③ 用冰钎探路，初步判断冰层厚度、牢固度，注意暗沟和薄冰层，安全到达采样点位。

④ 对于流域广且气温变化剧烈或断面附近有水闸的河流，注意上游化冰期或开闸放水对冰封期断面采样安全所产生的影响。

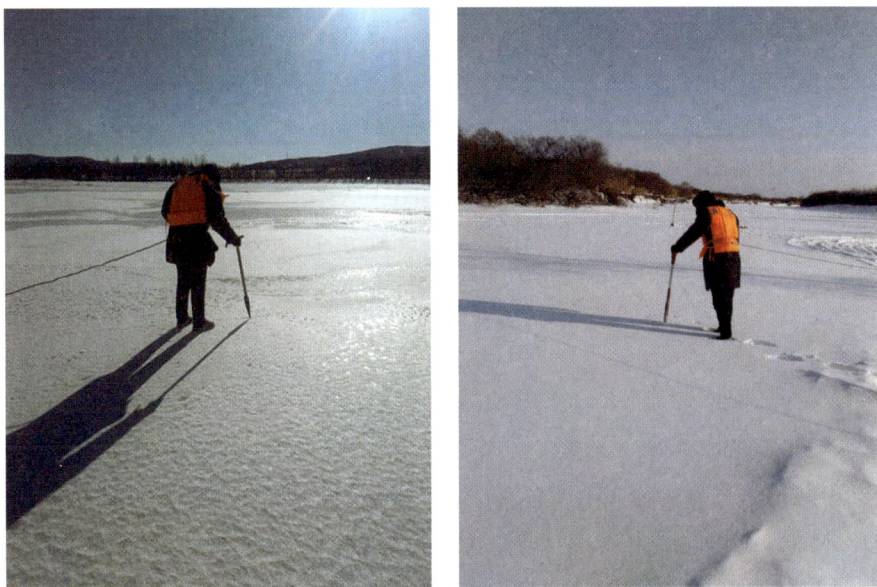

图 5-34　探冰

5.2.4.2　破冰点选择和破冰作业

① 只设一个采样点的冰封河流采样时，破冰点应尽量选择在河流主流上，一般情况下，河流主流可参考非结冰期河流主流位置，如无法确定河流主流，破冰点可设在河流中线上，破冰点应避开死水区。

② 在确保安全的条件下，用雪铲清理采样点冰面上层冰雪及覆盖物，清理面积大于钻孔面积，保证冰面干净，然后使用冰钻等工具进行钻冰采样（见图5-35）。针对冰层薄、无法上冰作业的，可使用铁锤等硬物破冰。

特别注意，无论采用什么方式钻冰孔，都应采取措施避免所采样品受钻冰或铁锤影响而沾污，从而影响样品代表性。

图 5-35　钻冰

5.2.4.3　采样条件判断

① 对于冰层较薄的断面，若破冰后，水深满足正常采样条件可进行采样，否则应更换破冰位置。

② 对于冰层较厚的断面，若破冰后，水流上涌明显，可进行采样，否则应更换破冰位置。破冰后，立即观察上涌水性状，若发现水样有异色、异味、油膜等异常情况，须在附近适宜位置重新破冰，对比后判断点位代表性。

③ 若多次破冰后，只有个别破冰点有水，其他破冰点无水，则不应采样，该断面按断流处理，通过手机 APP 拍照，做好记录并上传。

④ 破冰作业和采样过程中应避免搅动起底泥，若搅动起底泥且短时间内无法自然沉降的，应选择合适位置重新破冰采样。

⑤ 水体完全冰封时，应破冰采集水样，不应采集冰面上积水。

现场温度过低时，采集的水样放置在保温桶（PP 材质）内，可转至车上后再分装，避免水样结冰。直接采样项目，采集完毕后第一时间转移至车上。

5.2.5　浅水断面

5.2.5.1　采样方式

采样时采样点位的河水比较浅，断面位置无桥梁，采样船无法到达，则在确保安全的情况下选择涉水采样。

涉水采样时，尽量避免搅动沉积物而污染水样。采样者应站在下游，向上游方向采集水样（图 5-36）。

图 5-36　涉水采样

不具备涉水采样条件时，也可采用岸边采样方式采集样品，用长把水勺在水深的 1/2 处采集水样（图 5-37）。使用手机 APP 拍照记录，并上传。

图 5-37　采样勺

岸边采集样品时，采样人员蹲在岸边，确保安全的前提下直接采集样品。岸边无法直接采集样品时，利用采样器具采集后转入样品瓶中。采样时，瓶口向下，进入水体约 30 cm 处，缓慢将瓶口向上，采集水样。待水样采集至样品瓶瓶颈位置时，迅速将样品瓶移出水面。采样时不可搅动水底部的沉积物。

若水较浅，无法采集 30 cm 处的柱状水样时（容易搅动水底部的沉积物），则采样位置在水深的 1/2 处用样品瓶直接采集水样。使用手机 APP 拍照记录，并上传。

涉水采集石油类样品时，采样人员站在下游，用手握住干燥的 1 000 ml 样品瓶直接采集样品。

其他样品采集与"一般河流断面"一致。

5.2.5.2　特殊情况判定与处理

特殊情况判定与处理方式见表 5-3。

表 5-3　特殊情况判定与处理汇总表

序号	无法采样情况	判定方式
1	天气原因	因台风、暴雨、暴雪、地震等恶劣天气条件无法到达采样现场
2	交通原因	因交通事故、交通管制、封路等无法到达采样现场
3	断流	无连续水流
4	现场有施工、上游开闸放水	已对水体颜色、气味有明显影响
5	水流太急	已无法行船或无法下放样品瓶
6	水面有过多漂浮物	如大树、垃圾等

第六章 —— 样品运输

各采样公司在确保运输人员安全的前提下，保证水样符合监测技术规范要求，如运输时限、保存条件等。

6.1　样品封装与交接

6.1.1　保存条件

① 采样人员完成样品采集后应立即将样品放置于便携式冷藏箱内保存。冷藏箱要求具有密封、防震、制冷、温度显示等功能。若冷藏箱本身无制冷功能，应确保有足够的空间放置冷媒（冰排或者冰袋）以达到制冷效果（见图 6-1）。

② 样品封装完毕后，冷藏箱应贴上印有"国家地表水环境质量监测专用"字样的易碎封条以确保样品的真实性。

③ 采样公司需在 18 h 内将样品送抵分析测站。采样完成后，样品于 6 h 送达分析测站，则冷藏箱内样品温度应控制在当前环境温度以下；采样完成后，样品于 6 ~ 18 h 内送达分析测站，冷藏箱内样品温度应控制在 0 ~ 5℃（见图 6-2）。

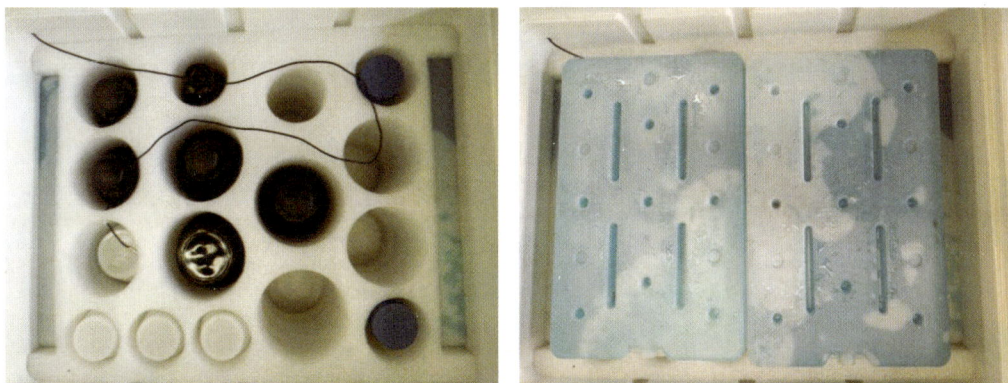

图 6-1　冷藏箱内部图（左）、放冰排图（右）

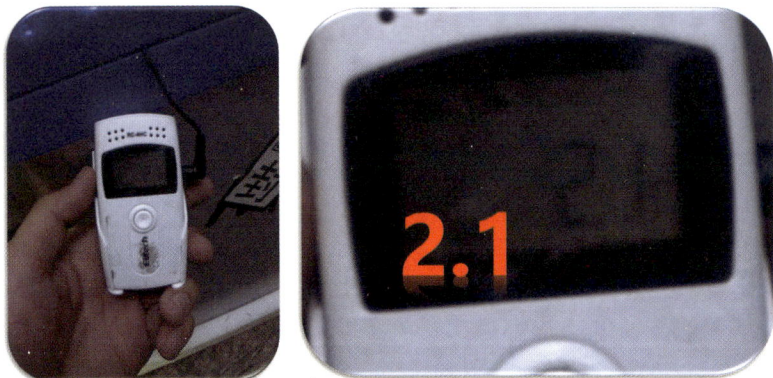

图 6-2　冷藏箱温度检查

6.1.2　封装要求及注意事项

6.1.2.1　封装要求

所有样品避震装箱完毕后，均应贴上印有"国家地表水环境质量监测专用"字样的易碎封条，每个冷藏箱最少 2 个封条，封条要求封闭冷藏箱的所有开口处。

6.1.2.2　注意事项

在样品送达指定分析测站前，封条不得人为破坏或撕开（见图 6-3）。

图 6-3　封条检查

6.1.3　特殊情况处理

① 交通安全：采样人员前往接驳地点途中车辆出现故障或者交通事件，应第一时

间呼叫救援（以人员安全为主），然后通知运输人员和项目负责人，运输人员根据实际情况更改接驳地点，项目负责人根据现场情况临时调整优化采样方案，并上报中国环境监测总站。若运输车辆发生交通事故，应第一时间呼叫救援（以人员安全为主），然后通知项目负责人，项目负责人安排应急小组前往支援。应急小组首先要保证人员的安全，确保人员安全后，检查样品箱是否完好，若样品箱出现破损，则找出相应的样品箱编号，上报项目负责人，项目负责人根据样品箱编号找到相应的断面，写上情况说明，上报中国环境监测总站，申请重新采样。若样品箱完好，送到分析测站后检查样品是否完好，若有破损，把相应的样品编号发给项目负责人，项目负责人找出相应的断面，然后写上情况说明，上报中国环境监测总站，申请重新采样。

② 运输途中，如遇到堵车，运输车辆出现故障，或者因为雨雪天气导致送样延迟等情况，应提前和分析测站电话沟通，能否推迟接样，若分析测站不推迟接样，运输人员应把此情况上报给项目负责人，由项目负责人上报监测总站，等中国环境监测总站决定。

③ 与分析测站交接时，发现样品瓶破碎或者缺失，应第一时间把样品编号发给项目负责人，并说明现场情况，由项目负责人找出相应的断面，向监测总站说明情况并申请重新采样。

④ 与分析测站交接时，如遇温度不达标或者超时、分析测站退样等情况，第一时间上报给项目负责人，由项目负责人向中国环境监测总站申请重新采样。

6.2 现场人员与运输人员交接

6.2.1 交接步骤

① 运输人员应提前到达接驳地点，然后把准确的接驳地点发给对应的采样人员。

② 各组采样人员在完成采样并将样品瓶全部装入冷藏箱后，立即将样品送往运输车接驳地点。

③ 采样人员到达接驳地点和运输人员汇合后，登录地表水软件 APP，采样人员录入运输车辆车牌号，并拍好运输车的照片（照片中一定要有运输车辆的车牌号），点击完成后，APP 会生成一个二维码（图 6-4）。此二维码用于采样人员与运输人员的交接。

④ 运输人员打开地表水软件 APP，登录账号，扫描采样人员 APP 生成的二维码，确认冷藏箱数量和编号无误后，点击完成。运输人员用执法记录仪对样品交接及混放过程进行视频录像。

⑤ 将各冷藏箱混合摆放于运输车辆内，一辆运输车最少要装入 3 个断面的样品。个别分析测站少于 3 个断面、不满足混样要求的，需一次送达分析测站。

图 6-4　采样完成交接界面（左）、二维码界面（右）

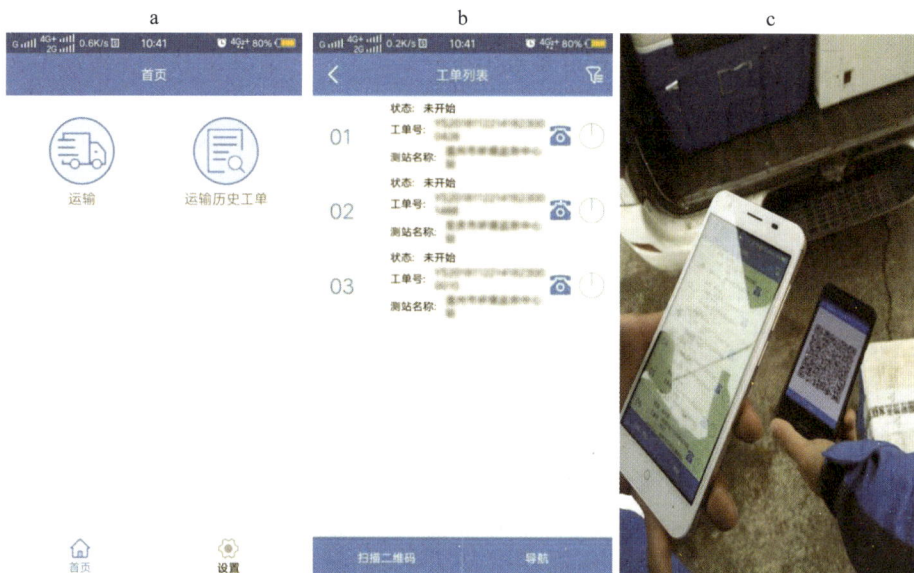

a—打开 APP，点击"运输"；b—点击"扫描二维码"；c—扫描采样人员出示的二维码；d—确认样品箱数量；e—确认后送样倒计时界面。

图 6-5　运输人员和采样人员交接 APP 操作流程图

6.2.2　检查要点

① 检查冷藏箱的数量、编号是否与 APP 内工单信息一致。

② 检查贴在冷藏箱上的封条是否完整。

③ 检查冷藏箱的温度显示和剩余运输时间，确保温度达标，在指定时间内送达指定分析测站。

6.3　运输人员与分析测站交接

6.3.1　交接步骤

① 运输人员与所有采样人员交接完成后，保持手机 APP 处于开启状态，合理规划路线，并提前与分析测站接样人员联系，告知到达时间，并在规定的时间内送至指定的分析测站。

② 运输人员到达分析测站，将所有样品搬运至指定的分析地点，打开 APP 中的二维码，分析测站接样人员扫码交接。由分析测站人员撕开封条，核对信息，信息核对无误后，分析测站接样人员拍照上传，确认接样。运输人员用现场记录仪对样品交接过程进行视频录像。

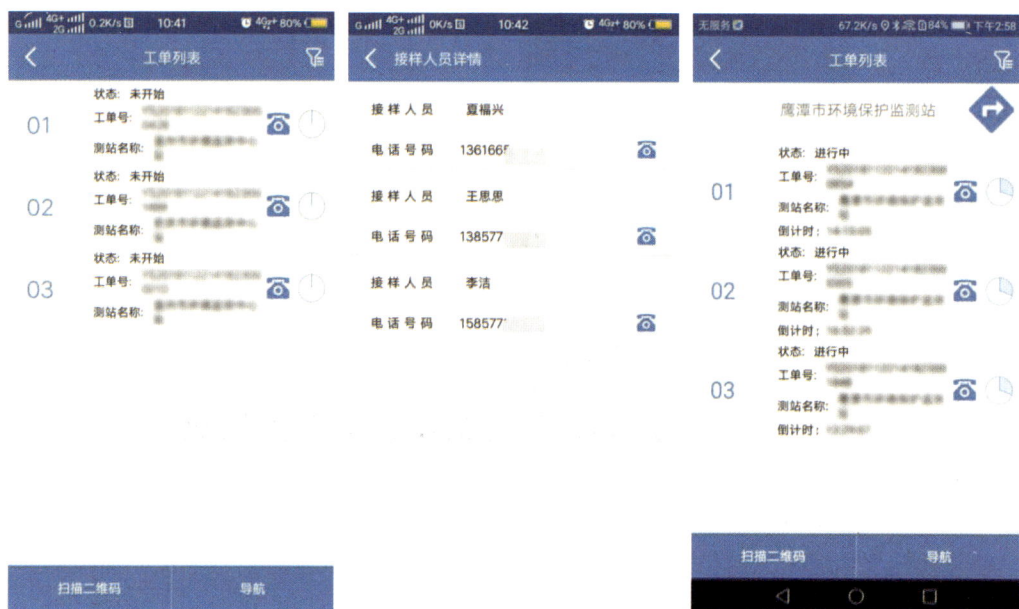

图 6-6　交接步骤

若出现以下情况，分析测站可拒收样品，通过手机 APP 提出退样申请，并立即将不合规定的情况拍照上传：

① 打开冷藏箱时，超过 6 h 冷藏箱内温度记录仪显示的温度超过 5℃，可申请退回该箱样品涉及断面（点位）的全部水样。

② 从样品采集完成到样品运抵分析测站的总时长超过 18 h（管理系统会自动对超过 18 h 的样品进行标注提示），可申请退回超期样品涉及断面（点位）的全部水样。

③ 样品瓶破裂或发生漏液，可申请退回破损样品涉及断面（点位）的全部水样。

④ 冷藏箱的封条被撕开，可申请退回该箱样品所涉及断面（点位）的全部水样。

⑤ 冷藏箱数量或编码，样品瓶数量、规格或编码与样品交接工单不符，可申请退回不符样品所涉及断面（点位）的全部水样。

样品交接的各步骤见图 6-7～图 6-10。

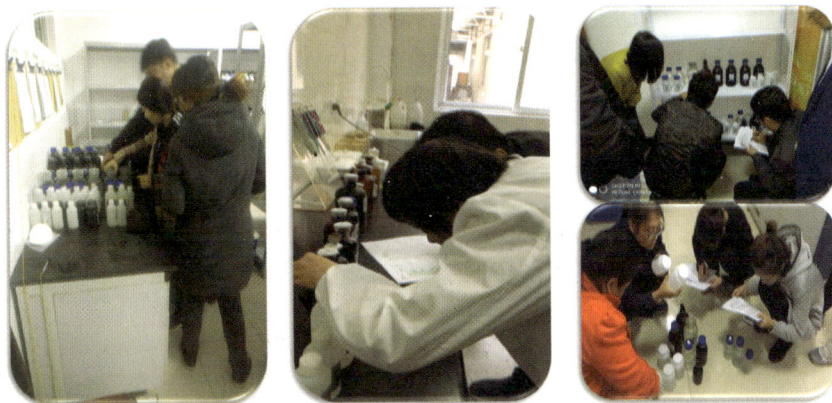

图 6-7　清点瓶数

图 6-8　查固定剂

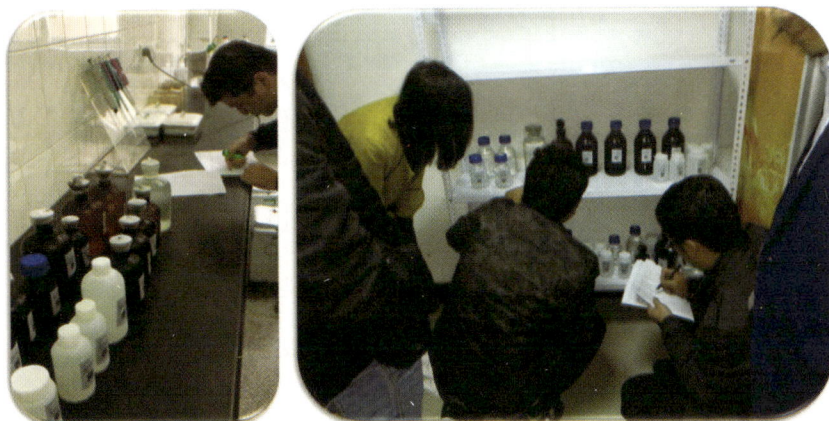

图 6-9　损样记录

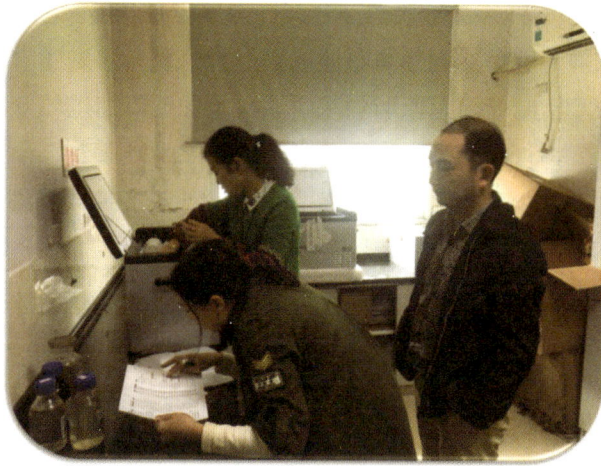

图 6-10　双方签字

6.3.2　技术要点

① 检查冷藏箱的封条是否完好。冷藏箱数量和编码是否和 APP 工单信息一致。

② 检查运输时间和冷藏箱内温度计温度是否达标。

③ 检查样品外观和样品瓶上标签是否完好。

④ 检查样品数量是否准确。

样品交接流程见图 6-11。

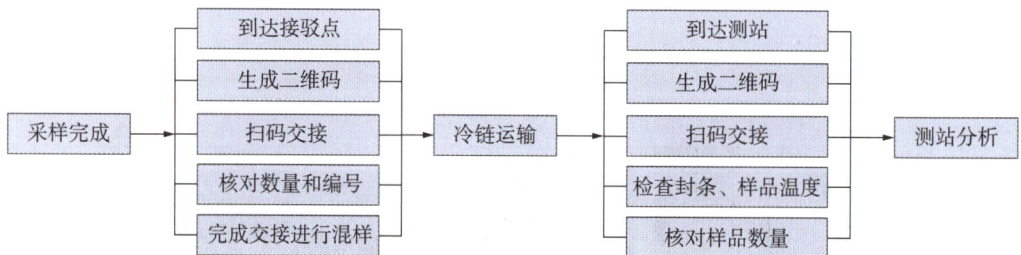

图 6-11　样品交接流程图

第七章 —— 数据审核与报送

　　监测数据是地表水环境质量最直接的反应。数据审核是国家地表水环境质量监测网采测分离数据质量保证的重要环节。数据审核工作的规范性和公正性能保证国家地表水环境质量考核数据的准确、客观、真实。具体审核流程见图 7-1。

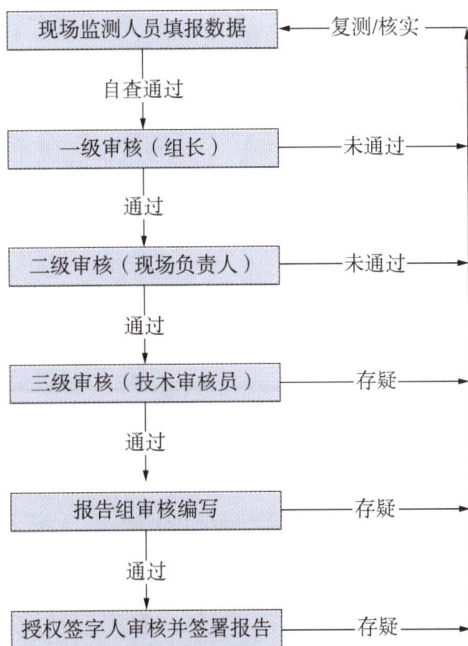

图 7-1　数据审核基础流程图

7.1　审核人员及要求

　　数据审核员是经授权的，在一定的权限范围内，按照数据审核程序对现场监测数据进行审核，从而保证现场监测数据的可靠性。在整个数据审核流程中主要现场监测员（自查员）、一级、二级、三级审核员、报告复核员、技术负责人审核签发员等，其人员要求及工作职责见表 7-1。

表 7-1　数据审核人员要求及工作职责

角色	人员要求	工作职责
自查员	现场采样人员，持证上岗，并通过总站合格证考核	负责现场采样、现场监测等，同时对现场监测数据进行自查
一级审核员	现场采样组长，持证上岗，并通过总站合格证考核	对现场采样的规范性及记录进行一级审核

角色	人员要求	工作职责
二级审核员	现场指挥组人员，持证上岗，并通过总站合格证考核	对通过一级审核的监测数据进行二级审核
三级审核员	指定审核员，持证上岗，并通过总站合格证考核	对通过二级审核的监测数据进行三级审核
报告复核员	具有公司内部体系授权	对通过三级审核的监测数据进行复核并编写报告
技术负责人审核员	公司授权签字人	签发报告

7.2　技术要求

《国家地表水环境质量监测网采测分离数据审核技术规范（初稿）》的相关内容对现场监测环节建立了"三级审核"程序。

一级审核：审核采样与现场监测操作规范性、提出存疑数据。

二级审核：审核质控符合性、数据合理性、进行异常判定与处置。

三级审核：审核现场监测任务完整性、程序与异常处置合规性。

7.2.1　一级审核

经授权的一级审核人员对本组采样人员采样与现场监测各环节操作规范性进行审核，提出异常情况与存疑数据并进行初判。

7.2.1.1　审核时限

断面采样和现场监测期间完成。

7.2.1.2　审核内容

① 现场采样和监测人员是否持证上岗；

② 现场监测方法是否通过资质认定，现场监测仪器设备是否通过检定／校准；

③ 是否按照规范要求布设断面垂线、分层进行采样；

④ 现场监测、采样各环节操作是否符合标准规范和采测分离相关技术要求；

⑤ 现场质控措施是否完善；

⑥ 采样量、样品保存方式是否符合规范要求，标签是否正确；

⑦ 原始记录是否及时、完整、准确、规范，采样和现场检测人员签字是否完整；

⑧ 有效数字修约与计量单位填报是否符合标准规范和采测分离相关技术要求；

⑨ 提出现场异常情况与存疑数据。

7.2.1.3　处置方式

① 现场监测和采样各环节操作规范、记录填写无误、现场质控措施完整、监测数据无异常的，通过一级审核；

② 采样断面垂线或分层布设不正确、现场操作不规范、记录填写有误、现场质控措施不规范、监测数据存疑的，要求现场监测人员按照相关技术要求规范操作，在现场对仪器设备再次校准并开展复测，确认数据，留存原始记录和影像记录；

③ 对现场异常情况进行初判，并提交二级审核。

7.2.2　二级审核

经授权的二级审核人员对质控符合性、监测数据合理性及历史数据可比性进行审核，对现场异常情况及异常数据进行判定与处置。

7.2.2.1　审核时限

于一审通过后，断面采样和现场监测期间完成。

7.2.2.2　审核内容

① 一级审核人员审核签字情况；

② 仪器校核记录的正确性；

③ 内部质控措施是否符合技术文件要求；

④ 现场监测项目数据合理性、历史数据可比性；

⑤ 现场异常情况、存疑数据及一级审核处置情况。

7.2.2.3　处置方式

① 数据、原始记录和质控措施规范的，通过二级审核；

② 记录填写不规范、质控不符合要求、监测数据合理性或可比性存疑的，要求现场监测人员按照相关技术要求规范操作，对仪器设备再次校准或更换备用仪器设备开展复测，做好现场情况记录；

③ 对现场异常情况一级审核情况及时进行判断与处置，如有必要，及时向委托方报送相关情况说明。

7.2.3　三级审核

经授权的三级审核人员对现场监测任务的完整性、程序与异常情况处置合规性进行审核。

7.2.3.1　审核时限

采样截止时间之前。

7.2.3.2　审核内容

① 一级和二级审核人员签字情况；
② 现场监测任务的完整性；
③ 采样、现场监测及一级、二级审核程序合规性；
④ 异常情况和数据处置合规性。

7.2.3.3　处置方式

监测任务完整，程序合规，数据有效、合理的，通过三级审核。

根据以上技术规定，并结合实际采样工作情况，具体制定了采测分离采样工作中现场监测数据审核的规范和流程，如图 7-2 所示，即从现场自查、三级审核、报告组复核、技术负责人审核签发等全流程多环节的数据审核程序，确保采样现场监测数据的"真、准、全"，为国家地表水环境质量监测评价提供有效的数据支撑。

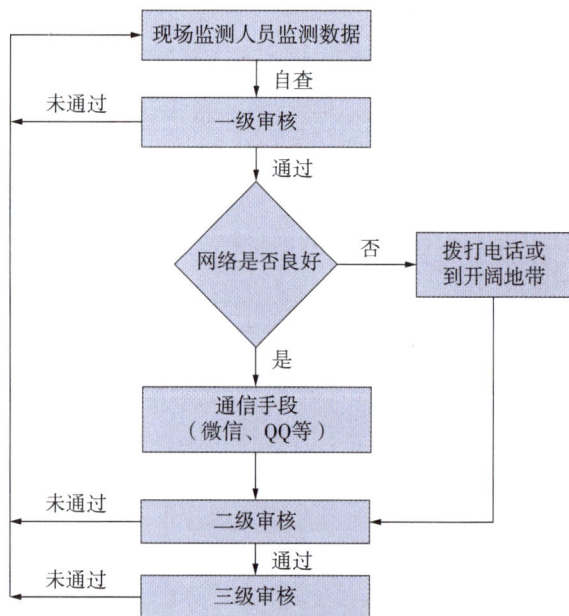

图 7-2　现场数据审核流程

7.3　数据审核类型

7.3.1　现场数据审核

7.3.1.1　监测指标

根据《国家地表水环境质量监测网采测分离　采样技术导则》的相关内容，对于不同断面类型，分别对以下现场监测指标进行审核（见表 7-2）。

表 7-2　监测指标汇总表

序号	断面类型	水温	pH	溶解氧	电导率	透明度	盐度
1	河流	√	√	√	√		
2	湖库	√	√	√	√	√	
3	入海控制	√	√	√	√		√

7.3.1.2　现场网络信号良好

① 监测人员使用多参数仪、塞氏盘、盐度计对每个监测指标依次校准并对水样样品进行监测。

● 多参数仪指标监测顺序为：①水温；②溶解氧；③电导率；④ pH。

● 采样时用塞氏盘测量透明度。

● 盐度使用盐度计测量。

② 在仪器校准、监测时，填写校准记录和现场监测记录。同时对检测仪器显示的数据进行拍照留存。

③ 由小组组长对原始记录和数据照片进行初审。

● 一级审核不通过，监测人员重新进行监测，或修改错误。

● 一级审核通过后，将原始记录照片、数据照片通过通信手段（微信、QQ 等）发送给现场指挥组审核。

④ 现场指挥组审核不通过反馈给采样小组进行修改或重新监测。

⑤ 审核通过则通知采样组长根据采样原始记录填写 APP 并上传。

7.3.1.3　现场网络较差或者无网络

① 提前将系统的采样工单下载成离线工单。

② 监测人员使用多参数仪、塞氏盘、盐度计对每个检测指标依次校准并对水样样品进行监测。

多参数仪指标监测顺序为：① 水温；② 溶解氧；③ 电导率；④ pH。

● 采样时用塞氏盘测量透明度。

● 盐度使用盐度计测量。

③ 在仪器校准、监测时，填写校准记录和现场监测记录。同时对检测仪器显示的数据进行拍照留存。

④ 由小组组长对原始记录和数据照片进行初审。

● 一级审核不通过，监测人员重新进行监测或修改错误。

● 一级审核通过后，与现场指挥组采用电话方式进行汇报并审核。

⑤ 若完全无网络则就近寻找有信号的区域进行电话沟通，现场指挥组审核不通过反馈给采样小组进行修改或重新监测。

⑥ 审核通过则通知采样组长根据采样原始记录填写 APP，尽快找到网络信号良好区域及时上传数据到系统中。

7.3.2　采样记录数据审核

7.3.2.1　现场审核

① 现场原始记录包含表 7-3、表 7-4 和表 7-5。

② 现场采样原始记录由采样人员根据现场采样实际情况如实填写表 7-3；现场监测原始记录由多参数仪操作人员根据仪器示值如实填写表 7-4、表 7-5。

③ 记录填写完毕后交由采样小组组长初步复核。

● 核查记录信息是否填写完整。包括采样日期、断面名称、经纬度、监测因子、天气情况、监测数据、周围情况等。

● 核查填写内容是否准确无误，数据是否满足要求。

④ 采样小组组长复核签字后将原始记录照片传给现场指挥组进行审核。

⑤ 现场指挥组审核记录填写的内容，保证原始记录的完整性和准确性。如有问题，杠改或重新填写，再重新审核。

⑥ 数据审核应特别注意以下几点：

● 计量单位是否符合标准规范和采测分离相关技术要求；

● 数据小数保留位数是否满足要求。

数据有效数字要求见表 7-6。

表 7-3　地表水采样记录表

水体名称			断面名称			经　度	度　分　秒		断面周边环境描述					样品状态感官描述
						纬　度	度　分　秒							
采样日期（年 月 日）			天气状况			河流宽度/m			断面水质表面					
						河流深度（湖库）/m								

采样位置		采样时间	样品编号	监测项目	样品数量个	样品储存容器			采样体积ml	保存剂			保存方式（填序号）	样品状态感官描述
垂线	深度					材质	颜色	容量		名称（填序号）	添加量/ml			
		时　分												
		时　分												
		时　分												
		时　分												

备注：1.断面水质表现：水体颜色、气味、有无漂浮物等；
2.断面周边环境：有无排污口、是否是死水区、回水区、有无居工区、工业区、有无居民区、工业区和农药化肥使用区等；
3.质控样品信息；
4.如是实验室同步采样断面，请写双主采样机构名称，并由双方现场监测人员签字确认

样品保存剂：
1.H$_2$SO$_4$；2.浓HNO$_3$；3.浓HCl；4.浓HCl+重铬酸钾；5.NaOH；6.H$_3$PO$_4$+硫酸铜；7.1%（V/V）甲醛；8.氯仿；9.NaOH溶液+Zn（AC）$_2$溶液；10.1%碳酸镁悬浊液

保存方式：
1.冷藏
2.避光
3.标签完好，采取有效减震措施
4.其他

采样人：　　　　年　　月　　日　　　　同步方采样人：　　　　年　　月　　日　　　　复核人：　　　　年　　月　　日

表7-4　现场监测仪器校准记录表

pH便携仪器校准

仪器名称及型号		仪器编号		仪器检定有效期	
校准日期：					
仪器精度		校准结果：□ 通过　□ 不通过			
缓冲溶液1温度/℃	标准值	仪器示值	缓冲溶液2温度/℃	标准值	仪器示值	缓冲溶液3温度/℃	标准值	仪器示值

DO便携仪器校准

方法原理：□ 覆膜电极法　□ 荧光法					
仪器名称及型号		仪器编号		仪器检定有效期	
校准日期：					
仪器精度		校准结果：□ 通过　□ 不通过			
大气压	零点校准仪器示值	温度（℃）	饱和溶解氧浓度值	饱和溶解氧浓度值	仪器示值

电导率便携仪器校准

仪器名称及型号		仪器编号		仪器检定有效期	
校准日期：					
仪器精度		校准结果：□ 通过　□ 不通过			
零点校准仪器示值	标准溶液电导	量程校准	仪器示值		

盐度便携仪器校准

仪器名称及型号		仪器编号		仪器校准有效期	
校准日期：					
仪器精度		校准结果：□ 通过　□ 不通过			
标准溶液盐度‰	温度（℃）		仪器示值（‰）		

备注：

表 7-5 现场监测仪器准确度检查及现场监测记录表

质控日期	河流(湖库)名称	断面名称	质控样品编号	保证值	实测值	检查结果	
			pH便携仪器准确度检查			□ 通过	□ 不通过
						□ 通过	□ 不通过
						□ 通过	□ 不通过
						□ 通过	□ 不通过
			DO便携仪器准确度检查			□ 通过	□ 不通过
						□ 通过	□ 不通过
						□ 通过	□ 不通过
						□ 通过	□ 不通过
			电导率便携仪器准确度检查			□ 通过	□ 不通过
						□ 通过	□ 不通过
						□ 通过	□ 不通过
						□ 通过	□ 不通过
			盐度便携仪器准确度检查			□ 通过	□ 不通过
						□ 通过	□ 不通过
						□ 通过	□ 不通过
						□ 通过	□ 不通过

备注:

表 7-6　数据有效数字要求汇总表

审核指标	检测标准	有效数字	举例
水温	《水质　水温的测定　温度计或颠倒温度计测定法》（GB/T 13195—1991）	1 位小数	15.8℃
pH 值	《水质　pH 值的测定　玻璃电极法》（GB/T 6920—1986）《水和废水监测分析方法》（第四版增补版）便携式 pH 计法（B）3.1.6（2）	2 位小数	7.18
溶解氧	《水质　溶解氧的测定　电化学探头法》（HJ 506—2009）《水和废水监测分析方法》（第四版增补版）便携式溶解氧仪法（B）3.3.1（3）	1 位小数	8.4 mg/L
电导率	《水和废水监测分析方法》（第四版增补版）便携式电导率仪法（B）3.1.9（1）	<100 保留 1 位小数	60.5 μS/cm
		≥100 取整数	213 μS/cm
透明度	《水和废水监测分析方法》（第四版增补版）塞氏盘法 3.1.5（B）（2）	整数	56 cm
盐度	《海洋监测规范　第 4 部分：海水分析》（GB 17378.4—2007）盐度计法（29.1）	2 位小数	22.31‰

● 数据修约执行 GB/T 8170 中的相关规定。按照"四舍六入五留双"的原则进行修约，如溶解氧示数为 8.45 mg/L，修约后为 8.4 mg/L；

● 原始记录不允许涂抹，应按要求进行杠改并在杠改处签名。

7.3.2.2　后期审核

① 现场采样任务结束返回公司后，采样小组组长将现场纸质原始记录交于公司专人审核、保存。

② 采样公司安排技术负责人对原始记录、现场照片、视频再次核对，确认无误后审核签字。

③ 扫描现场原始记录，在规定的时间内上传至系统。

7.3.2.3　影视资料审核

★代表需要着重注意的操作程序级别，照片和视频要具有突出性细节，操作步骤要有完整性。照片格式为 jpg，照片、视频名称备注详细操作步骤，例如扫断面桩 .jpg、pH 校准 .jpg、溶解氧测定 .jpg、虹吸分装 .mp4 等。

7.3.2.3.1　扫码签到

断面桩签到时包括断面桩全貌、扫码的工作人员、扫码动作、断面桩位置信息（如附近的河流、桥等）；经纬度签到时需拍摄 GPS 示值照片。

7.3.2.3.2　环境踏勘

上游、下游、左岸、右岸、水面全貌、环境条件（气温、气压等）各拍摄一张照片。

7.3.2.3.3　破冰位置

拍摄破冰位置近景和远景（所有破冰位置）各拍摄一张照片。

7.3.2.3.4　破冰后情况

拍摄破冰涌水时的情况视频。

7.3.2.3.5　河宽

拍摄测河宽动作照片。

7.3.2.3.6　水深

拍摄测水深动作照片。

7.3.2.3.7　现场核查

pH、DO、EC 需拍摄核查数值，数值出现异常情况需现场校准，需拍摄现场校准照片一张（校准数值、校准液标签）。

7.3.2.3.8　水温

拍摄显示水样的水温数值照片。

7.3.2.3.9　pH

拍摄显示水样的 pH 数值照片。

7.3.2.3.10　电导率 / 盐度

拍摄显示水样的电导率数值（盐度）照片。

7.3.2.3.11　溶解氧

拍摄显示水样的溶解氧数值照片。

7.3.2.3.12　水样收集

拍摄从采水器倒入静置桶（需用滤网过滤时，需体现过滤过程）的照片。

7.3.2.3.13　石油类

拍摄可以看清石油类采样量的照片。

7.3.2.3.14　抽滤

拍摄体现抽滤动作的照片。

7.3.2.3.15　沉降前后对比

拍摄用两个透明玻璃瓶（容积不少于 500 ml）分别装取沉降前、后的水样照片。

7.3.2.3.16　离心前后对比

需要离心时，拍摄用两个透明玻璃瓶（容积不少于 500 ml）分别装取离心前、后的水样照片。

7.3.2.3.17　总磷

拍摄背景为白底的照片。

7.3.2.3.18　★样品分装全过程

拍摄从采水桶引流到各个采样瓶的操作视频。

7.3.2.3.19　★加固定剂全过程

拍摄加固定剂的全过程、加固定剂的量、加固定剂的操作及混合均匀后测定的 pH 的视频。

7.3.2.3.20　样品装箱

拍摄显示冰排、温度计摆放位置的照片。

7.3.2.3.21　箱号、封条

拍摄显示封条的完好性的照片。

7.3.2.3.22　现场填写纸质记录表

拍摄包括所有填写完整的纸质记录表的照片。

7.4　数据报送审核

7.4.1　数据整理

①采样公司的记录审核人员将记录收集、整理、审核完毕后，交给报告编写组。

②报告编写人员根据现场原始记录编写报告，同时对数据的正确性、合理性再次进行审核。

7.4.2　上报核查

技术负责人将报告中的数据与系统中的数据进行核对，保证已输入系统中的监测数据的正确性。如发现不一致（如明显少输入小数点，数据明显偏大，数值单位明确错误），及时查找原因，在采样结束后五日内对系统中的数据进行修改，并说明原因。

7.4.3　异常数据处理

7.4.3.1　现场问题

7.4.3.1.1　异常数据

对于现场监测数据超出规定范围，或出现明显不合理的现象，应列入异常数据。如 pH 小于 6 或大于 9；溶解氧小于 5.0 mg/L 或明显过饱和；数据明显偏低或偏高。

7.4.3.1.2　出现异常数据排异的处理

①对多参数仪再次进行现场核查、重新校准和标样测定，校准合格后对现场水样样品多次、反复测量，将真实、准确的数据记录下来，并将核查、校准时多参数仪上显示的数据拍照留存，以备复查。

②采取监测数据的比对，保证数据的准确性。

● 用不同仪器进行比对监测。

● 如有外部质控方监督时，与质控方进行比对监测。

● 与属地站进行比对监测。

● 属地站提出数据质疑时，经总站同意安排复测。

③由于设备出现故障造成的数据异常，应更换备用的、完好的设备或探头（部件），按规定重新进行校准、监测。

④要求进行原位监测。无条件实现原位监测时，应按规定采样后尽快进行现场参

数的测定，保证时效性，同时减少气温、气压等环境现状的影响。如防止水质在空气中暴露时间过长影响溶解氧浓度，应尽快测定；环境温度过高或过低时，应防止热传递尽快测定水温。

7.4.3.1.3　异常数据的处理流程

① 首先应通过有效、可行的方法或措施确认数据的真实性和准确性。如因为设备故障或人为因素等引起数据异常，应及时分析原因，重新监测。

② 确认异常数据后，现场检测人员应逐级上报给采样小组组长、现场指挥部及技术负责人（包括采样总调度）。技术负责人或现场总调度核实情况后，将现场监测情况通报属地站相关人员，并及时通过驻监测总站人员上报监测总站。

③ 由技术负责人将现场照片、监测数据照片及现场情况说明经驻监测总站人员上报监测总站。

④ 根据监测总站的要求，完成后续工作。

⑤ 异常数据处理案例：

C 公司于 20×× 年 × 月 × 日下午与 Q 市环境监测中心站（以下简称 Q 站）同步对 X 断面进行了取水，监测人员对仪器进行校准，仪器校准合格。在现场监测过程中发现中表水样溶解氧值异常，数值为 3.97 mg/L。监测人员将情况报小组组长审核，小组组长安排监测人员再次校准仪器后测量，监测结果仍是 3.97 mg/L。后采样组长将情况报现场指挥组和总调度，现场指挥组通过安排另一套设备对水样进行比对测量，比对测量显示结果均为 5 mg/L 左右（此时水样已取出 3 h 左右）。后安排对断面水重新取样复测，测得结果分别为 3.06 mg/L 和 2.96 mg/L。总调度与 Q 站沟通，告知 C 公司现场监测情况，并询问 Q 站同步监测数据情况，Q 站报来他们实验室测得溶解氧值为 7.5 mg/L。由于当天已晚，Q 站未安排与 C 公司进行现场比对，采样公司经与技术负责人商议后，决定按最初测得值 3.97 mg/L 上报，并同时将现场情况通过公司驻总站人员上报监测总站。

应 Q 站要求，经监测总站同意，C 公司于第二日下午同 Q 站同步对 × 断面的溶解氧指标进行了复测比对，C 公司携带了两套设备，监测结果如下：

监测项目	采样位置	C 公司 1	C 公司 2	Q 站
溶解氧	表层	3.24 mg/L	3.39 mg/L	3.27 mg/L

两次监测任务后，C 公司向监测总站提交了《关于 × 断面溶解氧数据异常的说明》《关于 × 断面溶解氧复测情况的说明》。

表 7-7　关于某断面某监测指标异常的情况的说明

关于×断面××监测指标异常的情况的说明					
断面名称		断面编码		采样时间	
采样点位	如：中表	监测指标		异常数值	
采样公司					
情况说明	对采样现场的周边环境（如上下游、左右岸）、天气状况等情况，采样点位上下游有无排污等情况的说明描述，必要时可附现场环境照片加以佐证				
仪器校准值及允许差		校准结果		是否通过	
周围环境照片（1）			周围环境照片（2）		
仪器校准照片			现场质控照片		
现场检测照片			现场复测结果及照片		
比对情况	说明与备用仪器的比对结果，或与属地、第四方监督同步比对的结果				

7.4.3.2　采样记录

① 采样记录现场填写完成后，由采样小组组长和现场指挥部人员现场审核，发现异常数据或填写不正确的数据时，核实现场情况，然后对现场多参数仪的校准、监测数据照片进行核对，如有问题及时更正。

② 采样记录出现的主要问题及处理。

- 将填写错误的数据按要求杠改并在杠改处签名。杠改次数太多，应重新填写。
- 数据修约不正确。数据按 GB/T 8170 标准中要求修约（四舍六入五留双）后填写。
- 数据有效位数或小数点保留位数错误。按相关要求更改。

7.4.3.3　数据报送

① 技术负责人根据上报的问题数据，核查现场情况及采样记录照片、多参数仪监测数据照片等相关资料。若发现填报错误，在采样结束 5 d 内，对相关的数据进行更正并做好说明。

② 对于水温、pH、溶解氧、电导率、透明度和盐度等指标的错误，审核人员退回到采样人员处，由采样管理人员重新核实数据并登录系统进行更正。

③ 对于河宽、水深等指标，无法通过系统更正的，采样公司需向监测总站提交数据更正说明，由监测总站委托系统维护人员进行数据更正。

监测指标数据更正说明见表 7-8。

表 7-8　监测指标数据更正说明

×× 监测指标数据更正说明					
采样公司				申请日期	
情况说明	中国环境监测总站： 　　我公司所负责的第 ×× 包的部分断面，由于采样人员失误，在 × 月执行任务过程中，将以下断面数据填写错误，现申请更正				
断面名称	采样点位置	监测项目	上报值	修改值	修改原因
××	右表	水温	0.6℃	0.06℃	小数点位置错误
××	右表	溶解氧	7.02 mg/L	10.5 mg/L	误输成 pH

第八章 —— 质量管理

国家地表水环境质量监测网采测分离作为国家地表水环境质量监测事权上收的重大举措，是国家在地表水环境监测方面实施的重大改革。质量是保证采测分离工作顺利开展的生命线，为保证和提高工作质量，将一整套质量管理体系、手段和方法贯穿至整个采测分离样品采集、保存及运输过程中，进行系统的质量管理。工作人员的思想认识直接影响整个项目的质量，需从人员质量管理、仪器设备质量管理、前期试剂耗材准备质量管理、采样过程质量管理、数据上传质量管理等方面做好充分准备，才能保证质量管理落到实处，最终实现"国家考核、国家监测、数据共享"，最大限度保证监测数据的客观、真实。

8.1　4M 与 1E

"人、机、料、法、环"是对全面质量管理理论中 5 个影响产品质量的主要因素的简称。"4M"，即人员（Man）、机器（Machine）、物料（Material）、方法（Method）；"1E"，即环境（Environment）。4M 与 1E 构成了实验室"五大要素"。

人处于中心位置和主导地位。如果说汽车的 4 只轮子是"机""料""法""环"4 个要素，驾驶员这个"人"的要素才是最主要的。没有驾驶员这辆车也就只能原地不动成为废物了。实验室如果机器、物料、方法选好，并且环境也适合生产，但没有员工的话，还是没法进行生产。

8.2　体系建立

根据《检验检测机构资质认定能力评价　检验检测机构通用要求》（RB/T 214—2017）、《环境监测机构评审补充要求》（国市监检测〔2018〕245 号），建立文件化、具体化、规范化的管理体系（体系文件），包括管理要求、技术要求和各领域的特殊要求。

检验检测机构应建立、实施和保持与其活动范围相适应的管理体系，应将其政策、制度、计划、程序和指导书制定成文件，管理体系文件应传达至有关人员，并被其获取、理解和执行。

体系文件分为 4 层：
- 一级文件：质量手册，检验检测机构的最高纲领；
- 二级文件：程序文件，各项工作涉及部门职责，流程，要求；
- 三级文件：作业指导书、规程、规定，由具体执行人员使用，回答怎么做；

● 四级文件：记录、图表、报告等，记录人员操作过程，溯源文件。

8.3　体系的持续改进

"PDCA"循环是全面质量管理所应遵循的科学程序。全面质量管理活动的全部过程，就是质量计划的制订和组织实现的过程，这个过程就是按照"PDCA"循环，不停顿地、周而复始地运转。

"P"——Plan（计划）：是指有针对性地制订计划，确定活动方针和目标。

"D"——Do（执行）：落实、实施，实现计划中的内容。

"C"——Check（检查）：监测、分析、总结执行计划的结果，确认是否按照计划的进度在实行，以及是否达成预期的效果，并找出问题。

"A"——Action（处置）：总结成功经验和失败教训，巩固成绩，克服缺点，拟订下一阶段的工作计划或行动方案，以防止原来的问题再次发生。

"PDCA"循环就是按照这样的顺序循环不止地进行质量管理，改进与解决质量问题。在实际工作中，通过质量管理计划的制订及组织实现的过程，实现质量和安全的持续改进。

"PDCA"循环的特点：

● 大环套小环，小环保大环，互相促进，推动大循环。

● "PDCA"循环是阶梯式上升的循环，每转动一周，质量就提高一步。

● "PDCA"循环是综合性循环，4个阶段是相对的，它们之间不是截然分开的。"PDCA"循环的4个过程不是运行一次就完结，而是周而复始地进行，一个循环结束了，解决了一部分问题，可能还有问题没有解决，或者又出现了新的问题，再进行下一个"PDCA"循环，依此类推。

● 推动"PDCA"循环的关键是"处置"阶段。"PDCA"循环应用了科学的统计观念和处理方法，作为推动工作、发现问题和解决问题的有效工具。

"PDCA"循环的步骤和方法见表8-1，"PDCA"实例如图8-1所示。

表8-1　"PDCA"循环的步骤和方法

阶段	P	D	C	A
管理内容	1. 分析现状，找出质量问题 2. 分析各种影响因素或原因 3. 找出主要影响因素 4. 针对主要原因，制订措施计划，回答"5W1H"	执行，实施计划	检查、核对计划执行的结果	1. 总结经验，制定相应标准 2. 找出未解决的问题或新出现的问题

续表

阶段	P	D	C	A
管理内容对应的管理工具	1. 排列图，直方图，控制图 2. 因果图（鱼骨图） 3. 排列图，散布图 4. 为什么制订该措施（Why） 要做什么（What） 在哪儿做（Where） 谁来做（Who） 什么时候做（When） 怎样做（How）		排列图，控制图，直方图，检查表	1. 制订或者修改工作规程、检查规程及相关规章制度 2. 转入下一个"PDCA"循环

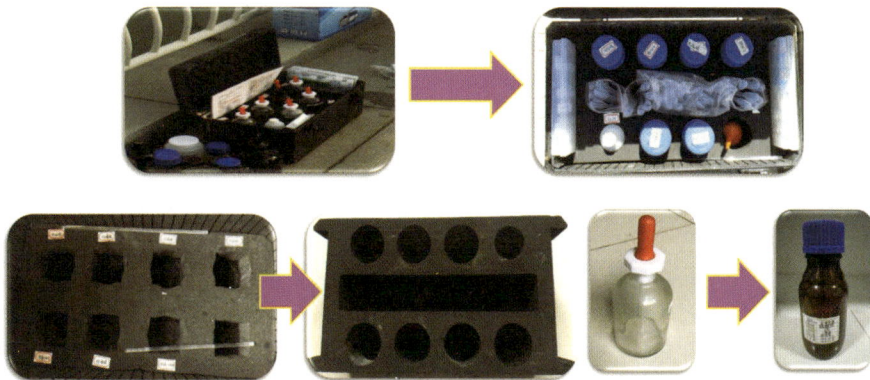

图 8-1 "PDCA"实例

第九章 —— 内审与绩效评估

目前，第三方环境监测实验室中质量控制级管理体系均较为完备。各公司均有自己独到的管理模式和质量控制方法，为实验室数据质量保驾护航。但是，在各公司的体系文件中，采样过程往往是最不受重视的一个环节。

就目前的环境监测行业状况而言，环境监测在检测过程中，加入盲样考核、质控样核查，以及做平行、空白、加标等使用各种手段去保证监测结果的准确性。但在采样过程中，仅通过照片、视频、电话和现场抽查等方式进行质量控制，具有较大的局限性。同时，现场的照片、视频数量均较多。就采测分离来说，每个断面的照片数量在 40 张左右，视频录制时常单个断面在 15 min 左右，因此，每包每月的照片数量会达到 4 000 张以上，视频录制时间在 25 h 以上。每公司以三人为一个自评估小组核算，每小组以正常的 8 h 工作时长计算，需要 3 天以上的观看时间。而观看后能记住的问题也是极其有限。

在目前的采测分离进程中，保证高效、稳定、严谨地完成采样任务，是进行数据评价考核的重要前提。但由于采样人员工作地点分散，难以在采样时进行全面的质量监督和质量控制，因此无法发现在采样过程中所暴露出的质量或细节问题。因此最后的关注点仍然要落在现场的照片及视频中。但是，现场记录、照片和视频在如此繁多的情况下，若想对其进行有效及全面的评价、建立行之有效的内审就显得尤为重要。

9.1 内审

9.1.1 意义

在采测分离初期，现场照片、视频仅在该断面出现数据异常时，作为审核数据有效性的依据。同时，在质控方对采测分离实施方检查的时候，会出现各种各样的细节问题。这些记录下现场人员操作规范程度的依据，未能起到其应有的自查和自纠的作用，以至于在采测分离初期，质控方检查时，现场问题居高不下。

通过内审，以现场的视频、照片为基础，结合有效的层级式自查方式，在采样后将照片、视频中的问题集中，并按照问题程度，分为原则问题、一般问题及其他问题，通过对问题的归类，找出问题的根本原因，做到普遍性问题全体整改，个别问题单人纠正。逐步完成采样过程的细节优化，杜绝规范性问题的出现。

内审目的在于形成一个"PDCA"的良性循环，逐步减少采样过程中的问题，规范采样步骤，保证样品质量。同时，提高采样人员的自身能力，增强团队能力，起到培养优秀的专业人才，打造优秀的采样团队的积极作用。

9.1.2　要点

内审建设的核心，应围绕两个重点，一为现场照片和视频；二为人员管理。

现场照片和视频是内审的基石，而人员管理则是运行该模式的重要支撑，两者必须紧密结合起来，才能达到有效的自主优化。

9.1.2.1　照片和视频

现场照片和视频作为内审的核心之一，在整个内审的运行中起到了至关重要的作用。因此，对照片和视频的质量有着严格的要求。

照片和视频的清晰拍摄，是对整个拍摄环节的基础要求。在采样过程中，将照片拍摄要求制定为统一的标准，也是在后期进行问题查找和现场追溯的重要要求。

在目前的采样规程中，哪些步骤需要拍照和视频，均有了较为明确的规定。

在开始采样前，要对全体人员进行采样照片拍摄要求的培训和宣贯，保证采样过程中所拍摄的照片能反映出现场存在的具体问题和实际情况。

9.1.2.2　人员分工及职责

在内审中，需要项目负责人、区域负责人、采样组长、采样人员共同执行。繁多的照片和视频若单纯地交到一人或几人手中，重复且大量的工作必定会导致工作效率和质量的双重下降。因此，将内审工作做到化繁为简就显得尤为重要。而化繁为简的重要原则就是充分发挥采样组长的现场领导作用，以及区域负责人的监督指导作用和项目负责人的奖惩权力。只有将这三者充分联系起来，才能在最短的时间内，高效地完成内审。根据其职责可分为三级负责人

● 一级负责人：负责对每月的自评估和优化措施进行评价和批准。对二级负责人负责。

● 二级负责人：对采样人员的直接管理者，负责自评估任务的分配和评价结果的质量保证。同时负责对采样过程中存在的问题进行培训及纠正。对三级负责人负责。

● 三级负责人：任务的主要承担者，在内审中作为统计的承担者。同时承担部分问题整改办法的落实人。

9.1.2.3　评价要求

目前的工作进程中，已经将采样过程中的问题进行细节划分，按类别可划分为以下几点：

9.1.2.3.1 前期准备问题

- 仪器设备按要求定期检定，在背面（或不影响使用区域）规整地贴上标签。
- 采样器、样品瓶应清洁，无沾污或异物，样品瓶材质符合要求，特别是现场要对瓶子进行目测复检。
- 是否提前制订小组采样方案，并随身携带。

9.1.2.3.2 采样问题

- 采样前进行现场勘测，测量河宽、水深等，并根据现场实际情况确定采样点位（原则上点位不超过系统设定数）。勘测相关照片或视频上传系统，现场条件与系统设置不一致时，或发生特殊情况的，应及时做好系统备注。
- 五参数检测仪表可在实验室、出发地预先进行校准，采样现场需携带校准记录及仪表使用说明书。现场监测前，对设备进行核查，按照要求进行拍摄核查照片（照片包含仪表示数，校准液标签），并上传 APP。
- 现场五参数具备原位监测条件的，一定要进行原位监测。
- 现场监测结果应随读数立刻填写，不允许凭记忆补填；按要求拍摄检测仪表照片。
- 需要用船采样时，应关闭发动机后，在船头逆流采样，或根据实际条件，采取必要操作，避免发动机或船体对水体造成影响。
- 石油类单独采集，采样前在水体中浸洗 3 次采样器和入水绳；放入水下 30 cm 深，边采边提，采样体积以 850 ml 左右为宜，不能装满。
- 视频录制是否完整，样品分装包括采样人员、虹吸动作按顺序分装并排放规整、检查 BOD_5 和硫化物倒置是否有气泡；固定剂添加包括固定剂添加动作、试剂名称剂量、试剂混匀等全过程。

9.1.2.3.3 分样问题

- 采水荡洗沉降桶 2~3 次，采样器倾倒水样，应沿壁缓慢倒入静置容器；沉降 30 min（严格控制时间），必要时采取加盖等防尘防雨措施。
- 虹吸时吸管进水尖嘴应在水面 50 mm 以下，避免受到底部沉积物和表面漂浮物的影响。
- 全程序空白样品要到现场灌装（2~3 次荡洗样品瓶），不允许在实验室预先装好。
- 首先分装 BOD_5 水样。无须荡洗，使用干燥的样品瓶。虹吸管贴壁缓慢注入，不得有气泡，水样必须注满（溢出 1/3 水量），瓶塞下不留空间。装瓶后倒置检查，确保无气泡。

● 硫化物样品采集，先在荡洗后的空瓶中加入乙酸锌 – 乙酸钠溶液，装样至瓶颈后再加氢氧化钠溶液至刚有白色沉淀。加水样充满容器，瓶塞下不留空气。

● 重金属（锌、镉、铅、铜）不做沉降，组装好抽滤器，安装 0.45 μm 孔径滤膜（镊子更换）。采样器采集的样品，少量倒入滤杯，抽滤至集液瓶。荡洗集液瓶 3 次，再抽滤至所需体积。抽滤后水样荡洗瓶盖、瓶子 3 次，再装样至少 250 ml。纯水清理抽滤瓶。

● 现场样品瓶摆放应有序、整齐，杜绝随意堆放，保持采样现场卫生，带走垃圾。

9.1.2.3.4　固定剂添加问题

● 现场仪器标准溶液应单独存在，不能与固定剂等其他试剂混放。

● 样品保存剂标签清晰，注明配制日期和有效期、配制人和浓度等。

● 现场应有固定剂添加方法（作业指导书），应使用一次性滴管或刻度吸管移取保存剂，滴管尖端不应与瓶内液体接触。

● 样品保存剂种类及添加量正确，达到要求的 pH 范围，并按规范现场对 pH 进行验证（建议用一次性滴管）。

9.1.2.3.5　样品装箱保存问题

● 样品装箱时，要保证样品瓶摆放有序，做好防震防护措施。

● 温度计应放置在箱内合适位置并做好固定，不与冰排冰袋等直接接触，确保能正确显示冷藏箱内温度。

● 严禁采样人员、运输人员将样品送测信息透漏给分析测站人员。如在样品箱上贴采样断面、送测分析测站信息等。

● 采样人员和运输人员应使用自己的账号进行系统操作，实行专人专号，不允许借用他人账号。

9.1.2.3.6　样品运输问题

● 样品运输过程中，要时刻保持通信畅通，若因交通、天气等不可抗力因素导致送样迟到的，应提前告知分析测站和跟随检测的质控公司。

9.1.2.4　自评估执行流程

采样完成后，将采样组长手中的视频回收，并打乱顺序随机分给各个采样组长。平均每人手中分配 7 个断面左右的照片和视频。由于顺序打乱，各个组长手中的照片和视频均为随机分配，因此也避免了某组长针对同一人拍摄的视频持续观看形成惯性思维的情况，以至于难以发现操作中的失误或问题。

待采样组长将采样照片及视频观看完毕，并填写相应的自评估统计表格后，将手中的材料上交至区域负责人，同时采样组长在进行统计时，要将具体责任明确至个人。

区域负责人负责对自评估表格进行汇总和整理，按问题的出现次数划分为共性问题和个别问题。同时，为保证自评估的准确性和客观性，要参照外部检查公司在部分断面进行外部检查时提出的问题和自评估表格中的问题进行对比验证。对两者无法匹配的部分由区域负责人对该视频进行复看查验。若发现该采样组长的评价存在评价错误等情况，针对具体情况，进行标记，并与该组长进行谈话，了解具体原因。

待区域负责人对所有问题进行审核和汇总后，针对共性问题，在每月采样前工作指导时，对全体采样人员进行集体培训和强调。避免采样过程中再次出现。对个别较为严重的问题，及时与该组组长和问题发生人员单独谈话，让其观看自己拍摄的照片和视频，发现自身错误。同时明确组长的辅导责任，对问题发生人员进行一对一辅导，并在今后的采样过程中加强监督。

同时，针对本月的自评估核查表格，由区域负责人形成对应的自评估报告提交至项目负责人。项目负责人根据自评估报告结合自身的奖惩制度对本月的采样人员进行奖惩。

内审流程见图9-1。

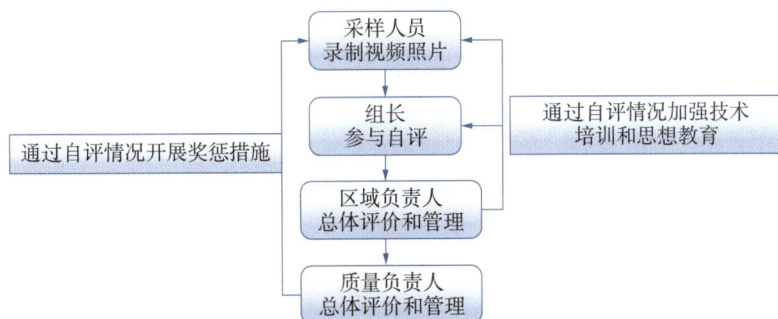

图9-1　内审流程图

9.1.3　内审的循环

内审的关键环节，就是使内审每月形成一个封闭式循环。该循环中，共分3个部分：①本月与上月内审问题的对比及问题改正的落实情况；②本月外部检查所发现的问题与上月外部检查问题的对比，及时改正落实情况；③本月外部检查与本月自评估问题的对比，即问题统计质量控制情况。

其中，第一部分为内审的中心架构，第二部分为效果评估，第三部分为质量评估。每月通过循环式的自主优化，逐步对步骤和细节进行不断优化，同时通过人员集中参与讨论，不断提出新的想法和新的意见，将采样计划从任务制定到最后落实实施，均在不断地进步和优化，提高质量的同时，也在不断提高工作效率。

内容的循环流程见图 9-2。

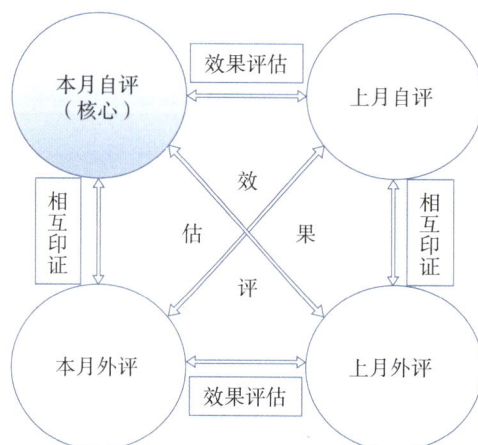

图 9-2　内审的循环流程图

9.2　绩效评估

9.2.1　规定统一的评价标准

在进行自评估时，最关键的环节在于充分利用人员的评价能力。同时，由于参与评价人员较多，难免会出现部分采样人员评价标准不一的问题。因此，在进行评价时，要充分结合自评估表格，逐一进行核查和评价。若组长在进行评价时，发现自评估表格中未提到的问题，可在表格中进行备注，由区域负责人结合实际情况进行判断是否存在问题。

9.2.2　避免责任不清及责任主体偏移

在进行自评估时，要避免责任不清的问题。部分断面发现采样问题时，往往会第一时间询问采样组长，并理所应当地让采样组长承担相应责任，忽视问题的主体责任人。同时，由于采测分离的特殊性，采样组长并不等同于采样主管，部分采样组长的薪资待遇与采样组员差距不大或基本一致，当采样人员出现操作失误，反而过多追究采样组长的带队责任，对该采样组长的积极性会起到较大的反作用。因此在进行自评估时，要避免责任不清和主体偏移。

9.2.3　强调采样组长的领导作用

在进行自评估的过程中，要尽可能转变采样组长的思想，让其思想由采样执行者向采样小队领导者进行转变。充分发挥其个人的主观能动性，让其积极参与采样小队的管理工作，在一定程度上，缩小最高管理者的管理范围，同时带动普通采样人员的进取心，为普通采样人员提供个人价值导向，最终形成一个全员积极向上的良好循环体系。

9.2.4　勿产生急功近利的想法

自主优化体系是一个长期循环、不断优化的过程，因此其作用并非是让人立刻从无到有，而是一个不断改进、不断进步的过程。

在每一次进行自评估发现问题后，除关键性问题（如固定剂添加错误、未规范使用虹吸管等）严格对采样人员强调不可再犯外，会有一些细节性的、容易被忽略的小问题。对于这些小问题大可不必全员严肃地开会和批评，同时提出下月不可再出现等硬性要求。反而对于这些问题可以先定一个小目标：比如在采测分离初期，每组采样时针对采样问题可提出 20 条以上，而这些问题中，大部分都是细节性的操作问题，对采样质量影响甚微（如未穿工服、未带现场操作规程等）。因此，针对这些问题，可以对各个采样组定一个小目标，比如一个月先消除 1/2 的细节问题，直到每个月只剩下 1~2 条时，甚至可以不再要求持续降低比例，维持现状就很好了。

9.2.5　一级负责人要公平公正且遵循"实力主义"

在企业或单位中，人情往往夹杂在各个部门和人员之间。因此，一级负责人必须要秉持公平公正的原则，施行公司的奖惩制度。同时，要遵循"实力主义"——因为我们在不断地自我优化中，会慢慢凸显出一部分实力较强的采样人员，但是这部分人在企业或单位中，可能没有较多的工作经验，也没有一些老员工"德高望重"。因此在出现这种情况时，大部分负责人会选择观望，而观望的结果往往就是错失人才。因此要大胆地提拔有能力的员工。自主优化体系不单单是一个简单的问题自纠过程，也是一个团队不断成长和蜕变的过程。

9.2.6　奖惩制度要尽量避免金钱刺激

在进行自评估的过程中，是以断面进行统计，因此在统计过后难免会出现不同采样组间的能力高低。面对这种情况大部分管理者会采取使用金钱刺激的方式对能力较强的采样组或个人进行金钱奖励，对能力较弱或错误较多的采样组施以金钱惩罚。

从受到奖励人员的心理角度来分析，就会觉得自己的能力在同事间较高，甚至会出现自满心理。当其今后无法得到金钱奖励时，甚至会觉得领导的决策是有问题的，也会慢慢成为团队中的不稳定因素；而对于能力较弱的人，在得到金钱刺激性惩罚时，根据不同的心理和性格特征会出现不同的反应，但绝不会进行有效的自我反省，更有甚者会在惩罚后故意制造更大的问题。因此，在进行奖惩时要尽量避免使用金钱进行刺激式的奖励或惩罚。有效的做法可以是对采样组进行划分，以团体为单位进行内部评比，通过对团队的奖励缩小个人荣誉，增强集体荣誉感。同时，通过发现能力较强的人员时，对其进行职位的晋升和长期薪资待遇的调整，以长期的工资待遇，取代刺激式的奖金奖励，使受到奖励的人员感受到自我能力提升所带来的自我价值提升，在今后的工作中不断提升自我能力。同时也可以让全体人员都能看到自己晋升的希望，不断将团队优化成一个共同进步的整体。

9.2.7　案例说明

在以往的任务执行中，曾经出现很多问题，以下选取 2 个影响较为严重且典型的案例进行说明。

9.2.7.1　案例 1

2018 年上半年，某采样人员对规范了解不透，在采样过程中，被第四方外部检查公司发现其采样存在原则性问题，采样流程不规范。经核查后，决定重新采样。公司内部在执行奖惩制度和教育措施时，各级领导均给组长打电话了解情况，同时将所有责任归咎于采样组长未起到有效的监督指导作用，并且未对犯错采样人员追究责任。

本案例中，在进行错误纠正时，过多地对采样组长施以惩罚，造成了责任主体偏移。此种做法对员工的工作积极性起到了巨大的打击效果。同时，各级领导均对采样组长进行批评教育，增加了该人员的心理压力。

操作不规范不是采样组长造成的。该情况的发生，与前期的培训、现场的监督以及采样人员的责任心均有关系。其中责任主体应为出现采样问题的采样人员。对采样组长严厉惩罚反而降低了犯错人员的责任，不仅降低了采样组长的工作热情，也使得基层采样人员逐步产生了犯错也会有人承担的懒散心理。

9.2.7.2　案例2

2018年，某采样人员在被公司批评教育且进行刺激性金钱惩罚后，在次月采样过程中故意违反采样规范，制造采样问题。

在本案例中，刺激性金钱惩罚的弊端充分凸显出来。在进行惩罚措施时，金钱惩罚不是目的，要尽量避免刺激性的金钱惩罚。同时，在进行思想教育时，要加强集体观念教育和个人思想教育。每一个采样队伍都是一个小团体，当这个团体中的人员都把观念由为公司劳动转变成为自身劳动并获得自身成就感，对团队的自身优化效果要远强于金钱刺激带来的纠正效果。

表9-1　自评估表

自查内容		1	2	3	4
断面名称					
断面编码					
所属省份					
所在地区					
断面类型					
采样人（采样组长）					
持总站证情况（是／否）					
采样公司					
前期准备	仪器设备按要求定期检定，在背面（或不影响使用区域）规整地贴上标签				
	采样器、样品瓶应清洁，无沾污或异物，样品瓶材质符合要求，特别是现场要对瓶子进行目测复检				
	是否提前制订小组采样方案，并随身携带				
采样	采样前进行现场勘测，测量河宽、水深等，并根据现场实际情况确定采样点位（原则上点位不超过系统设定数）。勘测相关照片或视频上传系统，现场条件与系统设置不一致时，或发生特殊情况的，应及时做好系统备注				

	自查内容	1	2	3	4
采样	五参数检测仪表可在实验室、出发地预先进行校准，采样现场需携带校准记录及仪表使用说明书。现场监测前，对设备进行核查，按照要求进行拍摄核查照片（照片包含仪表示数，校准液标签），并上传 APP				
	现场五参数具备原位监测条件的，一定要进行原位监测				
	现场监测结果应随读数立刻填写，不允许凭记忆补填；按要求拍摄检测仪表照片				
	需要用船采样时，应关闭发动机后，在船头逆流采样。或根据实际条件，采取必要操作，避免发动机或船体对水体造成影响				
	石油类单独采集，采样前在水体中浸洗 3 次采样器和入水绳；放入水下 30 cm 深，边采边提，采样体积以 500～750 ml 为宜，不能装满				
	视频录制是否完整，样品分装包括采样人员、虹吸动作按顺序分装并排放规整、检查 BOD 和硫化物倒置是否有气泡；固定剂添加包括固定剂添加动作、试剂名称剂量、试剂混匀等全过程				
分样	采水荡洗沉降桶 2～3 次，采样器倾倒水样，应沿壁缓慢倒入静置容器；沉降 30 min（严格控制时间），必要时采取加盖等防尘防雨措施				
	虹吸时吸管进水尖嘴应在水面 50 mm 以下，避免底部沉积物和表面漂浮物的影响				
	全程序空白样品要到现场灌装（2～3 次荡洗样品瓶），不允许在实验室预先装好				
	首先分装 BOD$_5$ 水样。无须荡洗，使用干燥的样品瓶。虹吸管贴壁缓慢注入，不得有气泡，水样必须注满（溢出 1/3 水量），瓶塞下不留空间。装瓶后倒置检查，确保无气泡				
	硫化物样品采集，先在荡洗后的空瓶中加入乙酸锌-乙酸钠溶液，装样至瓶颈后再加氢氧化钠溶液至刚有白色沉淀。加水样充满容器，瓶塞下不留空气				

续表

	自查内容	1	2	3	4
分样	重金属（锌、镉、铅、铜）不做沉降，组装好抽滤器，安装 0.45 μm 孔径滤膜（镊子更换）。采样器采集的样品，少量倒入滤杯，抽滤至集液瓶。荡洗集液瓶 3 次，再抽滤至所需体积。抽滤后水样荡洗瓶盖、瓶子 3 次，再装样至少 250 ml。纯水清理抽滤瓶				
	现场样品瓶摆放应有序、整齐，杜绝随意堆放，保持采样现场卫生，带走垃圾				
固定剂添加	现场仪器标准溶液应单独存在，不能与固定剂等其他试剂混放				
	样品保存剂标签清晰，注明配制日期和有效期、配制人和浓度等				
	现场应有固定剂添加方法（作业指导书），应使用一次性滴管或刻度吸管移取保存剂，滴管尖端不应与瓶内液体接触				
	样品保存剂种类及添加量正确，达到要求的 pH 范围，并按规范现场对 pH 进行验证（建议用一次性滴管）				
样品装箱保存	样品装箱时，要保证样品瓶摆放有序，做好防震防护措施				
	温度计应放置在箱内合适位置并做好固定，不与冰排冰袋等直接接触，确保能正确显示冷藏箱内温度				
	严禁采样人员、运输人员将样品送测信息透漏给分析测站人员。如在样品箱上贴采样断面、送测分析测站信息等				
	采样人员和运输人员应使用自己的账号进行系统操作，实行专人专号，不允许借用他人账号				
运输	样品运输过程中，要时刻保持通信畅通，若因交通、天气等不可抗力因素导致送样迟到的，应提前告知分析测站和跟随检测的质控公司				
合计错误项					
备注					

第十章 —— 文化建设与人才培养

企业经营理念与核心价值观在企业文化建设过程中难以复制和模仿。由企业文化引导产生的企业核心竞争力其他企业更是无法复刻和仿效。通过全面建设独特的企业文化，进而不断提升企业的核心竞争力，促使企业具有持久发展的旺盛生命力，也更能确保本项目持续稳定地向前推进。

10.1　文化建设

10.1.1　重要性

当前社会经济飞速发展、科学技术日新月异，企业之间的核心竞争力也在发生改变：从最初以产品及技术为核心竞争力，接着变成以管理、营销为核心竞争力，20世纪末则普遍认为品牌建设才是核心竞争力。进入21世纪，尤其在我国加入WTO后，随着经济全球化的发展，检测行业的跨国企业不断涌入。这些跨国企业的到来，既带来了先进的科学技术和优秀的管理经验，也带来了竞争环境的变化和企业文化变化的问题。国内企业受到国外企业的冲击及影响越发明显。在此情况下，越来越多的企业意识到企业文化已经成为企业竞争力的重要组成部分，企业文化建设是提高企业竞争力的有效途径。

作为国内本土的第三方检测企业，只有通过大力弘扬我国先进文化，将我国文化的精髓融入企业文化建设之中，创造出更适合我国国情的、更符合企业发展需要的、具有鲜明特色的企业文化，借此不断增强企业核心竞争力，不断提高自身的综合实力，才能在激烈的竞争中赢得先机，才能在这样一个内"忧"外"患"的检测市场上占有一席之地，保持长久的竞争力，屹立不倒，最终基业长青。

目前，学术界存在多种对企业文化结构的划分方法。本书所采用的划分方法为大多数学者所认可的"四层结构划分法"，即由浅入深的4个企业文化层次，分别为物质文化、行为文化、制度文化、精神文化。按照此顺序，4个层次由表及里构成了企业文化的整体结构，如图10-1所示。

物质文化也称为企业文化的物质层。企业员工在工作生活过程中创造出来的产品和各种物质设施构成了这层企业文化的主要内容，它是一种显象文化，其表现形态是以看得见、摸得着的物质形态为主的，主要包括企业环境、企业建筑、企业标识、企业品牌等。因此，物质文化是最直接地向外部展示和宣传企业文化的平台。

行为文化也称企业文化的行为层。企业在其经营管理、市场营销、对外交往、社会活动中形成这一文化层，它是企业精神文化在企业及员工行为方面的具体体现，主要包括教育宣传、经营营销、文体活动等。企业行为文化作为企业和社会良好的互动载体，能够充分展现企业的精神面貌、经营理念、人际交往，甚至企业的价值观和企业精神。

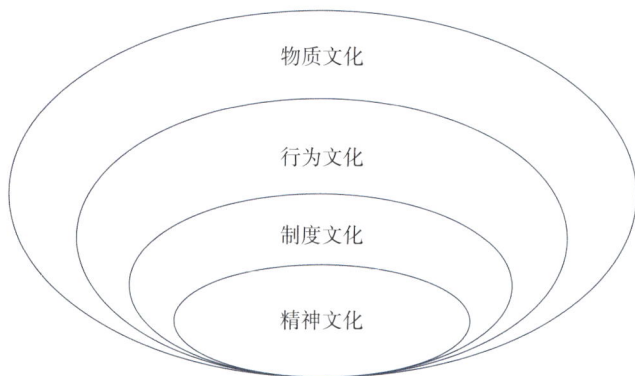

图 10-1　企业文化结构

制度文化也称为企业文化的制度层。具有独特企业文化特点的道德规范、规章制度等有机地结合在一起形成制度文化层，其制度主要包括企业领导体制、企业组织结构以及企业管理制度等方面。

制度层在行为层和精神层中间起着承上启下的作用。制度文化的实施把企业物质文化、行为文化和精神文化统一成整体，是企业为实现自身目标，通过建立相应的制度文化，对员工的行为进行指导和调整，对企业行为和员工行为具有较强的约束力。一方面，可以促使全体员工认可企业的价值理念，形成企业向心力，从而营造一个积极和谐的内部经营环境；另一方面，通过一些外部行为活动，拓展企业的社会影响力，建立一个适合企业发展的外部经营环境。

精神文化也称为企业文化的精神层。精神文化是企业在长期经营过程中，受一定社会文化背景、意识形态影响而长期形成的一种精神成果和文化观念。它包括企业价值观、企业精神、企业哲学、企业道德等内容，是企业意识形态的总和。企业的精神文化是企业文化的核心，是企业文化的灵魂，是制度文化、行为文化和物质文化的根本。它是激励员工团结奋斗的原动力，也是凝聚员工团结的纽带。

企业的物质文化、行为文化和制度文化是企业精神文化的重要载体。企业文化的四个层面相互联系、相互影响、相互转化。企业文化发展过程中，必须以系统的思维方式和工作计划处理好这四个层面的相互关系，以最大限度地发挥各层的效用。

10.1.2　机遇与挑战

此前，检验检测仅是为众多行业提供技术支撑的辅助部门，并非一种特定行业。

比如环境部门，很多监测站、第三方检测公司都是为环境治理服务的，此外，农业、水利、交通、铁道、公安、卫生等部门都有自己行业的检测机构。

2018 年是我国生态文明建设和生态环境保护事业发展史上具有重要里程碑意义的一年。3 月 11 日，继写入党章后，生态文明又历史性地写入了通过的《宪法修正案》，这是让生态文明的主张成为国家意志的生动体现；4 月 2 日，中央财经委员会第一次会议指出，打好七大污染防治攻坚战；4 月 16 日，新组建生态环境部正式挂牌，实现"五个打通"，标志着我国生态环境保护进入了一个新的历史周期；5 月 18—19 日，习近平总书记出席全国生态环境保护大会并发表重要讲话，是一项标志性、创新性、战略性的重大理论成果，对于推动生态文明和美丽中国建设具有很强的指导性；6 月 24 日，《中共中央 国务院关于全面加强生态环境保护 坚决打好污染防治攻坚战的意见》提出要坚决打赢蓝天保卫战，着力打好碧水保卫战，扎实推进净土保卫战。

2018 年，同样是检验检测行业具有跨时代意义的一年。2017 年 9 月，《中共中央 国务院关于开展质量提升行动的指导意见》是国家层面首次针对质量管理发文指示；2018 年 1 月，《国务院关于加强质量认证体系建设促进全面质量管理的意见》对检验检测认证机构制定了全新的规划；2018 年 3 月 21 日，《深化党和国家机构改革方案》发布后，组建国家市场监督管理总局，作为国务院直属机构，首次明确检验检测作为一个行业的规定范围部门（之前的管理部门只是管理资质）；2018 年 11 月，继 2011 年写入高技术服务业，2014 年写入生产性服务业、科技服务业，检验检测认证服务正式写入《战略性新兴产业分类（2018）》；2018 年 8 月，《生态环境监测质量监督检查三年行动计划（2018—2020 年）》着力解决生态环境监测质量存在的问题；《2018 年度质检总局立法工作计划》（国质检法〔2018〕60 号）将检验检测机构管理立法纳入工作。

此外，《关于深化环境监测改革提高环境监测数据质量的意见》（厅字〔2017〕35 号）指出"环境监测机构在提供环境服务中弄虚作假，承担连带责任"；《关于加强生态环境监测机构监督管理工作的通知》（环监测〔2018〕45 号）指出"采样、分析审核、授权签字人员对监测报告的真实性终身负责"；《生态环境监测质量监督检查三年行动计划（2018—2020 年）》（环办监测函〔2018〕793 号）着力解决生态环境监测质量存在的问题。

通过本项目的实施，携手共创地表水采样国家重点实验室：

● 责任大：本项目承担了全国地表水环境质量监测的重任，同时也肩负着把采样工作打造成为新时代环保行业的责任；

● 能力精：本项目不仅要求技术能力精湛，更要求管理能力精益，确保数据"真、准、全"，力求效率与质量的完美结合，实现"效益靠质量、质量靠技术、技术靠人才、人才靠教育"的"PDCA"；

● 氛围亲：对待工作，始终在执行中理解、理解中执行，以达到"一日环保人，终身兄弟帮"的行业氛围。

因此，各公司必须把"依法监测、科学监测、诚信监测"放在重要位置，采取最规范的科学方法、最严格的质控手段、最严厉的惩戒措施，打造出一支"责任大、能力精、氛围亲"的水质采样国家队，建立环境监测数据弄虚作假防范和惩治机制，确保环境监测数据全面、准确、客观、真实，将这一系列要求落实到采测分离的工作当中。

10.2　人才培养

10.2.1　职业道德教育

10.2.1.1　管理人员

人品决定态度，态度决定行为，行为决定着最后的结果。因此，管理人员的选择与培养，人品第一，态度第二，行为第三。管理人员对于人、事、物需要谨记"规范"二字：

● 对人——对员工行动品质的管理，规范化；
● 对事——对员工工作方法、作业流程的管理，规范化；
● 对物——对所有物品的规范管理，规格化。

10.2.1.2　采样人员

① 学习《检验检测廉洁规范作业指导书》，主要内容包括本单位基本要求、检验检测人员基本要求、廉洁行为规范、采样规范、样品管理、检验检测过程、检验检测报告、收费、监督及处理等内容。

② 学习质量手册、程序文件、实验室年度计划、诚信评价及措施、实验室内部质量控制方案、实验室废液管理与处理、实验室用危险化学品、易制毒化学品管理、常用液体体积度量仪器操作与清洗、实验用水、物资验收、标准溶液配制、化学滴定分析、采测分离质量监督考核、专业技术人员上岗证培训、考核管理、盲样考核及其质量控制等。

③ 学习现场采样室管理、地表水现场采样、地表水现场采样物资验收、地表水饱和溶解氧、现场采样照片拍摄、实验室原始记录填写及数据更改等。

④ 学习现场采样人员安全、实验室安全、现场采样个人防护用品管理、现场采样

部急救药箱管理、现场采样部中暑 / 防寒应急救援预案等。

⑤ 学习电脑以及手机 / 平板等移动端各主要办公软件及 APP。

⑥ 做好"十大沟通"（见表 10-1），促进项目开展。

表 10-1 "十大沟通"具体内容

序号	英文	中文注释
1	Communicate	沟通
2	CEO	董事长 / 各单位"一把手"
3	Commander	项目负责人
4	CNEMC	监测总站
5	Cai	属地监测站
6	Ce	分析测站
7	Captain	船长
8	Chang	厂家
9	CODE	系统开发公司
10	Competitor	同行

10.2.1.3 运输及后勤人员

- 运输人员应保障车辆行驶安全，样品按时按质按量送达指定分析测站。
- 后勤人员应保障用采样人员的工作与生活所需物资。

10.2.2 专业能力训练

10.2.2.1 基础采样知识

- 理解并熟悉本单位以及采购方的质量要求；
- 理解并熟悉采样的整体流程；
- 能够准确判断采样断面的类型及是否满足规范采样要求；
- 理解并熟悉采样点位的布置；
- 理解并熟悉采样注意事项；
- 理解并熟悉相关记录填写；
- 理解并熟悉 GB 3838 的限值要求。

10.2.2.2 现场参数实操

- 仪器的检定、校准、日常维护、日常使用及相关记录填写；
- 仪器操作注意事项；
- 检测结果精密度、准确度的判断；
- 检测结果异常值的判断。

10.2.2.3 样品采集实操

- 常规参数、样品瓶、固定剂的统一性。
- 五日生化需氧量、石油类、叶绿素 a 的样品瓶要干燥，不得用水样润洗。
- 五日生化需氧量、硫化物样品瓶灌装满瓶，不得有气泡（用实用瓶塞）；五日生化需氧量水样溢出样品瓶 1/3 的水量；硫化物水样采集时先加入适量乙酸锌 – 乙酸钠溶液，再采集水样至瓶颈时加入氢氧化钠溶液至刚有白色沉淀产生，加水样充满容器；其余项目灌装至瓶颈处即可。
- 挥发酚白 G 瓶是为了方便查看固定剂硫酸铜颜色（蓝色），套黑塑料袋是为了避光；
- 石油类只采表层；
- 铜、铅、锌、镉用抽滤后的水样润洗；
- 虹吸水样时，吸管进水嘴插至水样表层 50 mm 以下，是为了确保避开表层漂浮物和底层沉积物；
- 固定剂添加前后必须仔细查看标准，确保添加的种类和数量无误；
- 温度过低时，采集的水样放置在保温桶（PP 材质）内，转至车上再分装，避免水样结冰。

10.2.3 安全教育

10.2.3.1 样品采集

- 设置好安全桩；
- 判定现场条件是否满足安全采样要求（如天气情况）；
- 做好安全措施再开始采样（如安全帽、安全绳、救生衣、手套等）。

10.2.3.2 样品运输

- 会车注意右侧非机动车；
- 控制车速；

- 增加跟车距离；
- 尽量避免超车；
- 克服驾驶疲劳；
- 准确判断路况（尤其是夜路、山路、风雨中行驶）；
- 准备应急灯；
- 组织学习交通安全教育片。

10.2.3.3　其他

- 入住酒店后，应了解酒店安全须知，熟悉酒店的安全出路、安全楼梯的位置及安全转移的路线。
- 注意检查酒店配备的用品是否齐全，有无破损，如有不全或破损，应立即向酒店服务员报告。
- 贵重物品应存放于酒店服务总台保险柜，不要随身携带或放在房间内，若出现遗失后果自负。
- 不要将自己住宿的酒店、房间随便告诉陌生人，不要让陌生人或自称酒店的维修人员随便进入房间，出入房间要锁好房门，睡觉前注意房门窗是否关好，保险锁是否锁上，物品最好放于身边，不要放在靠窗的地方。
- 入住酒店需要外出时，应在酒店总台领一张酒店房卡，卡上有酒店地址、电话；如果迷路，可以按卡片上地址询问或搭出租车，就可安全顺利地回到住所。
- 如遇紧急情况，千万不要慌张，要镇定，及时和前台取得联系，直至寻求到帮助。

10.3　综合评估

10.3.1　评估方法

做好培训记录工作（见表10-2），并对培训的满意度、学习度、应用度进行评价（见表10-3、表10-4）。

- 满意度：学员在课程结束时对于课程整体设计和教授方式是否满意（如是否以实例演示，是否形象、生动）。
- 学习度：培训是否能够准确描述培训内容。
- 应用度：学员是否能够地将所学的知识应用到工作实践中。

表 10-2　培训记录表

培训主题					
日期		地点		讲师	
培训主要内容：					

效果评价：
1.满意度
2.学习度
3.应用度

评价人＿＿＿＿＿＿＿＿＿　　　　　日期＿＿＿＿＿＿＿＿＿

表 10-3　外部质量监督考核评分表

序号	检查内容		检查要求与评分标准	扣分值
1	采样计划或采样方案	1	现场有采样计划或采样方案，但无交接时间、送样时间安排	2
		2	现场无采样计划或采样方案	3
		3	无故改变采样计划或采样方案	5
2	采样容器	1	样品瓶上无固定标志说明项目、采样点位等情况	2
		2	样品瓶上有破损或沾污	4
		3	样品瓶材质不符合规范要求	3
		4	没有样品瓶的抽检记录	2
3	样品贮存环境	1	没有冷藏条件	5
		2	有冷藏措施，但无温控设施	4
		3	有冷藏措施，但未达到规范要求的温度条件	3
4	采样操作	1	采样前未测量河宽和水深	3
		2	采样时没有考虑水深度	3
		3	未按照左中右采样	2
		4	硫化物未单独采集	3

续表

序号	检查内容		检查要求与评分标准	扣分值
4	采样操作	5	BOD$_5$ 未单独满瓶采集	3
		6	石油类未用专用采样器单独采集	3
		7	可以调档案查验以前的采样记录，未按规定采集现场空白样	3
		8	可以调档案查验以前的采样记录，未按规定采集现场平行样	3
5	样品保存剂	1	无样品保存剂的配制记录	2
		2	无试剂检验记录	2
		3	样品保存剂标签不清晰，或无有效期	2
6	现场监测	1	现场监测仪器未进行检定或校准或不在检定或校准的有效期内	3
		2	现场监测仪器无使用记录	2
		3	测试前未对便携仪器进行校准（在单位校准的没有记录）	3
		4	pH 未进行现场测试	5
		5	溶解氧未进行现场测试	5
7	采样记录	1	无采样周边环境描述（点位图）	1
		2	无气象条件记录	1
		3	无水体感官情况描述	1
		4	无样品瓶材质、容量、采样体积	1
		5	无添加剂及添加量记录	1
		6	无采样开始与结束时间	1
8	运输条件	1	运输环境无防震、避光、防沾污，缺少一项即扣分，累计扣分	1
		2	运输过程没有冷藏条件	5
		3	未按计划时间运输到目的地	8
9	水样交接	1	无与送样人员的交接记录	4
		2	无与分析测站的交接记录	4
		3	未进行混样	3
		4	交接时未见查冷藏温度	5
10	采样人员	1	发现一名采样人员未持证即扣分，累计扣分	10
11	采样视频	1	不清晰	1
		2	不完整，采样、装瓶、贴标签、加固定剂、装箱、冷藏设施、现场监测缺一项即扣分，不累计扣分	1
		3	时间错误	1
		4	采样操作错误，发现一处错误即扣分，不累计扣分	5
		5	现场监测操作错误，发现一处错误即扣分，不累计扣分	5

表 10-4　内部监督考核评分表

序号	检查内容	检查要求与评分标准	存在问题	得分
1	采样服装统一性（15 分）	发现未穿统一采样服，一次扣 1 分		
2	标识统一性（15 分）	发现未统一标识，一次扣 1 分		
3	培训计划实施情况（10 分）	优 10～8，良 7～5，中 4～0		
4	内部上岗证发放情况（10 分）	发现未具备上岗证人员，一次扣 1 分		
5	原始记录情况（30 分）	优 30～21，良 20～11，中 10～1		
6	原始记录归档情况（10 分）	优 10～8，良 7～5，中 4～1		
7	客户回访情况（10 分）	优 10～8，良 7～5，中 4～1		

10.3.2　年度培训计划制订与优化

本项目的培训计划制订时也需要抓住"立、守、得"3 个要点。

10.3.2.1　立

站位要高，必须从思想高度向全体人员灌输这是一个关乎国家生态文明进程的重大项目，时刻要求保持"危险感、荣誉感"。

10.3.2.2　守

持续改进，必须时刻以第一次参加项目的态度对待，不断改善，不断进步；以"师傅领进门、修行靠个人""授人以鱼，不如授人以渔"的思想指引全体人员，不仅要学习技术，更需要掌握自我学习、自我提升的方法，掌握带团队、传帮带的技巧，并且将这些经验以文本的方式留存下来，以方便后续的学习提升。

10.3.2.3　得

以"8 h 以外决定人生成败""1 万 h 定律"鞭策全体人员，力求 3～5 年内成为水质采样行业的专家，而不仅仅只是一个普通的采样人员。

参考文献

［1］国家生态环境质量监测事权上收方案. 2015.

［2］生态环境监测网络建设方案. 2015.

［3］水污染防治行动计划. 2015.

［4］关于推进中央与地方财政事权和支出责任划分改革的指导意见. 2016.

［5］"十三五"国家地表水环境质量监测网设置方案. 2016.

［6］国家地表水环境质量监测网采测分离实施方案. 2017.

［7］关于深化环境监测改革　提高环境监测数据质量的意见. 2017.

［8］关于做好国家地表水环境质量监测事权上收工作的通知. 2017.

［9］关于开展国家地表水环境质量监测网采测分离工作的通知. 2017.

［10］国家地表水环境质量监测网监测任务作业指导书（试行发布稿）. 2017.

［11］国家地表水环境质量监测网采测分离技术导则　采样技术导则. 2017.

［12］国家地表水环境质量监测网采测分离技术导则　现场监测技术导则. 2017.

［13］地表水采测分离监测采样用试剂耗材检验技术规定（试行）. 2018.

［14］关于优化调整采测分离样品瓶瓶组容积等技术要求的通知. 2017.

［15］中国国家认证认可监督管理委员会. 检验检测机构资质认定能力评价　检验检测机构通用要求：RB/T 214—2017［S］. 北京：中国标准出版社，2017.

［16］环境监测机构评审补充要求. 2018.

［17］中共中央　国务院关于全面加强生态环境保护坚决打好污染防治攻坚战的意见. 2018.

［18］中共中央　国务院关于开展质量提升行动的指导意见. 2017.

［19］国务院关于加强质量认证体系建设促进全面质量管理的意见. 2018.

［20］深化党和国家机构改革方案. 2018.

［21］战略性新兴产业分类（2018）. 2018.

［22］生态环境监测质量监督检查三年行动计划（2018—2020年）. 2018.

［23］2018年度质检总局立法工作计划. 2018.

［24］关于深化环境监测改革提高环境监测数据质量的意见. 2017.

［25］关于加强生态环境监测机构监督管理工作的通知. 2018.